गोडावण

या

ग्रेट इंडियन बस्टर्ड की विपुलता से विलुप्तता तक की यात्रा

पुस्तक का लेखन सहज और अभिव्यक्ति स्पष्ट व धााराप्रवाह होने पर भी कहीं वैज्ञानिक तथ्यों की अवहेलना नहीं होती है। लेखक ने गोडावण के बारे में सभी ऐतिहासिक व अर्वाचीन स्रोतों में प्रकाशित जानकारी को समानुक्रमित किया है, और स्वयं के 1980-90 के दशक में सोरसन गोडावण क्षेत्र (दुखद रूप से वर्तमान में लुप्त) में किये गये अध्ययन को संकलित किया है।

डा. असद रफी रहमानी

पाठकों के लिये प्रस्तुत यह पुस्तक 'गोडावण या ग्रेट इंडियन बस्टर्ड की विपुलता से विलुप्तता तक की यात्र', इस विषय पर सर्व जन सुलभ, सुबोध हिन्दी में लिखी गई प्रथम पुस्तक है। इस पुस्तक के लेखक श्री राकेश व्यास को वन्यजीवों, प्रमुखता से पक्षियों पर शोधा व संरक्षण का तीस वर्ष से अधिक का अनुभव है। उन्होंने गोडावण पर अभी तक किये गये वैज्ञानिक शोध, आलेखों, व अपने अनुभवों को इस पुस्तक में रोचक ढंग से प्रस्तुत किया है। पुस्तक में गोडावण की भारत में ऐतिहासिक व वर्तमान स्थिति, वितरण, व्यवहार, प्रजाति पर मंडराते हुए संकट, और गोडावण के संरक्षण हेतु भविष्य की कार्य योजनाओं का जन सामान्य की भाषा में सुरुचिपूर्ण वर्णन किया है। पुस्तक में सम्मिलित किये गये रेखाचित्र व दुर्लभ छायाचित्र गोडावण के व्यवहार का समुचित प्रतिनिधित्व करते हैं, व उस व्यवहार को समझना पाठकों के लिये आसान बना देते हैं।

डा. जी. एस. भारद्वाज, आइ. एफ. एस.

गोडावण
या
ग्रेट इंडियन बस्टर्ड की विपुलता से विलुप्तता तक की यात्रा

राकेश व्यास

मुखपृष्ठ छायांकन - देवकी नंदन, डा. जी. एस. भारद्वाज

छायाचित्र - डा. जी. एस. भारद्वाज, डा. असद रहमानी, डा. सुजीत नरवडे

चित्रांकन - डा. हिम्मत सिंह पवार

साईन्टिफिक पब्लिशर्स

प्रकाशक
साईन्टिफिक पब्लिशर्स (इण्डिया)
5-ए, न्यू पाली रोड, पो. बा. नं. 91
जोधपुर-342001 (राज.)
टेलिफोन: 0291-2433323
E-mail: info@scientificpub.com

ISBN: 978-93-90749-06-5 (H/B)
ISBN: 978-93-90749-05-8 (Ebook)

Visit the Scientific Publishers (India)
website at: http://www.scientificpub.com
भारत में मुद्रित

शुभकामना संदेश

यह सर्व विदित है कि वन्यजीव संरक्षण के लिये जन सहयोग अत्यन्त आवश्यक है। यह कथन उन प्रजातियों पर और भी अधिक सटीक बैठता है, जो मानवीय–वर्चस्व वाले क्षेत्रों में निवास करती हैं। प्रजाति और उसके परिवेश की आवश्यकताओं के बारे में जानकारी, प्रजाति का पारिस्थितिक–तंत्र में महत्त्व, उस प्रजाति का सांस्कृतिक और धार्मिक महत्त्व, कुछ ऐसे महत्त्वपूर्ण बिन्दु हैं, जिनसे प्रजाति के संरक्षण हेतु जन सहयोग और सद्भावना मिलती है। वन्यजीवों पर उपलब्ध अधिकतर जानकारी आंग्ल भाषा में मिलती है, जो निर्णयकर्ताओं और चुनिंदा लोगों तक तो पहुंच जाती है, लेकिन जमीन से जुड़े हुए स्थानीय निवासियों तक नहीं पहुंच पाती है, जो कि उस प्रजाति के साथ आवास और स्थान साझा करते हैं। यह जानकारी वन्यजीव क्षेत्रों में तैनात वन सुरक्षा कर्मियों तक भी नहीं पहुंच पाती है, जो कि संरक्षित क्षेत्रों के सुरक्षा–पिरामिड के आधार स्तम्भ हैं।

भारत के गौरव, पर लगातार घटती आबादी के कारण, दुखद रूप से अति संकटापन्न स्थिति में पहुंच चुके राजस्थान के राज्य पक्षी – गोडावण या ग्रेट इंडियन बस्टर्ड के विषय में हिंदी भाषा में पुस्तक लिखने के लिये श्री राकेश व्यास बधाई के पात्र हैं। ग्रेट इंडियन बस्टर्ड को राजस्थान की स्थानीय भाषा में गोडावण के नाम जाना जाता है, और इसे अपनी उत्तरजीविता या *'सर्वाइवल'* के लिये हर व्यक्ति से हर प्रकार की सहायता की आवश्यकता है, जिसमें ग्रामीणों, और वनकर्मियों से लेकर मुख्यमंत्री व प्रधानमंत्री तक सभी सम्मिलित हैं।

पुस्तक का लेखन सहज और अभिव्यक्ति स्पष्ट व धाराप्रवाह होने पर भी कहीं वैज्ञानिक तथ्यों की अवहेलना नहीं होती है। लेखक ने गोडावण के बारे में सभी ऐतिहासिक व अर्वाचीन स्रोतों में प्रकाशित जानकारी को समानुक्रमित किया है, और स्वयं के 1980–90 के दशक में सोरसन गोडावण क्षेत्र (दुखद रूप से वर्तमान में लुप्त) में किये गये अध्ययन को संकलित किया है।

मुझे आशा है कि इस पुस्तक के माध्यम से सामान्य जन में गोडावण जैसे वैभवशाली पक्षी के बारे में नवीकृत चेतना जागृत होगी, और भारत इसे पूर्णतः विलुप्त होने से बचा पाने में सक्षम होगा।

डा. असद रफी रहमानी

पूर्व निर्देशक बाम्बे नेचुरल हिस्ट्री सोसायटी, मुम्बई

कार्यकारणी सदस्य, वेटलैंड इंटरनेशनल, दक्षिण एशिया

भूमिका

विशिष्ट अतिथियों, अभिजात वन्यजीव विशेषज्ञों, व अधिकारियों के लिये आयोजित सभा के प्रातःकालीन सत्र में अपना प्रस्तुतीकरण देते समय मेरे सामने एक मूलभूत प्रश्न उठाया गया था, कि जब हमारे देश में पक्षियों की 1200 से अधिक प्रजातियां पाई जाती हैं, तो उनमें से यदि एक प्रजाति लुप्त हो जाती है, तो उससे क्या अन्तर पड़ने वाला है? हमारे लिये गोडावण को संरक्षण देना क्यों आवश्यक है? इस प्रश्न ने क्षण भर के लिये मुझे किंकर्तव्यविमूढ़ कर दिया, पर तभी मैंने विनीत स्वर में वहां उपस्थित सभी श्रोताओं से प्रति–प्रश्न किया कि यदि ऐसी बात है, तो बाघ के संरक्षण की आवश्यकता आखिर क्यों है? उपस्थित सहभागियों में से एक–दो ने उत्तर दिया कि बाघ जंगल की भोजन–शृंखला का शीर्ष प्राणी है, और वह भारत का राष्ट्रीय पशु है। तभी एक सटीक प्रतिक्रिया आई, कि जंगलों का संरक्षण बाघ के संरक्षण पर निर्भर है। यथार्थतः! मैंने कहा – जिस तरह से वनों का संरक्षण बाघ के संरक्षण पर निर्भर है, उसी तरह देश की ग्रामीण अर्थव्यवस्था के आधार चारागाहों का संरक्षण गोडावण के संरक्षण पर निर्भर है।

भारत में पाई जाने वाली चार बस्टर्ड प्रजातियों में से गोडावण सर्वाधिक संकटापन्न है, अतः आई. यू. सी. एन. की सन 2011 की रेड डाटा बुक में इसे अति संकटापन्न प्रजाति की श्रेणी में रखा गया है। यद्यपि गोडावण को वन्यजीव संरक्षण अधिनियम – 1972 के अन्तर्गत उच्च श्रेणी की सुरक्षा मिली हुई थी, पर फिर भी इसे समुचित ध्यान या उस स्तर की सुरक्षा नहीं मिल पाई, जितनी आवश्यक थी। घास के मैदानों का पक्षी होने के कारण, गोडावण

भारत के चारागाह पारिस्थितिक तन्त्र का महत्त्वपूर्ण अंग है, और इसकी उपस्थिति चारागाह के स्वास्थ्य और सुदृढ़ स्थिति की परिचायक है। दुःख की बात है कि घास के मैदान प्रायः उपेक्षा के शिकार रहे, और इन्हें व्यर्थ समझा जाने लगा। गोडावण के प्राकृतिक आवास, शुष्क व अर्ध शुष्क घास के मैदान थार मरुस्थल और प्रायद्वीपीय भारत में फैले हुए हैं, और ये सभी अपकर्ष की अग्रवर्ती स्थिति में पहुंच चुके हैं। घास के मैदानों की भूमि का बहुत हद तक उपयोग–परिवर्तन हो चुका है। चारागाह का स्थानीय पशुपालकों की आर्थिक स्थिति में बहुत बड़ा योगदान है, क्योंकि उनके मवेशी इनका उपयोग चरने के लिये करते हैं। विश्व भर के मवेशियों की कुल आबादी का लगभग 15 से 20% भाग भारत में निवास करता है, जो यह सिद्ध करने के लिये पर्याप्त है कि चारागाह हमारे देश के लिये कितने महत्त्वपूर्ण हैं। इसका अर्थ यह भी है कि भारत की बहुसंख्यक ग्रामीण आबादी लगातार घटते हुए अपकर्षित घास के मैदानों पर प्रत्यक्ष रूप से निर्भर है।

गोडावण के प्राकृतवास का लगातार हो रहा ह्रास, वयस्क गोडावणों की विभिन्न कारणों से मृत्यु, और प्रजनन में असफलता के कारण इनकी आबादी में अवयस्क या युवा पक्षियों का न जुड़ पाना, ऐसे कारक हैं जिनकी वजह से गोडावण की आबादी, अन्य कई प्रजातियों की भांति 'बिलो प्रोटेक्शन लाइन' (बीपीएल) या सुरक्षा रेखा के नीचे चली गई है। गोडावण पक्षियों की भारत में कुल संख्या 200 के आसपास है, जो कि इनकी कुल भौगोलिक आबादी भी है। यद्यपि अनेक संरक्षणवादी व नागरिक संस्थायें, और वैज्ञानिक 1980 के दशक से ही गोडावण की आबादी में लगातार हो रही गिरावट की ओर ध्यानाकर्षित करते रहे हैं, परन्तु विगत एक दशक में राज्य सरकारों व केन्द्र ने गोडावण संरक्षण के ठोस व दूरगामी उपाय करना आरम्भ कर दिये हैं। सम्भव है कि समुचित उपाय करने में कुछ देरी हो गई हो, पर अभी भी आशा की किरण शेष है। गोडावण के अखिल भारतीय वितरण क्षेत्र में काम कर रहे वैज्ञानिक, संरक्षण वादी, और वन्यजीव प्रबंधक इनके संरक्षण हेतु भरसक प्रयास कर रहे हैं। गोडावण के संरक्षण हेतु चलाये जा रहे सभी कार्यक्रमों की दूरगामी सफलता के लिये स्थानीय निवासियों के समर्पण व उनकी भागीदारी का अत्यन्त महत्त्वपूर्ण योगदान रहने वाला है।

पाठकों के लिये प्रस्तुत यह पुस्तक 'गोडावण या ग्रेट इंडियन बस्टर्ड की विपुलता से विलुप्तता तक की यात्रा', इस विषय पर सर्व जन सुलभ, सुबोध

हिन्दी में लिखी गई प्रथम पुस्तक है। इस पुस्तक के लेखक श्री राकेश व्यास को वन्यजीवों, प्रमुखता से पक्षियों पर शोध व संरक्षण का तीस वर्ष से अधिक का अनुभव है। उन्होंने गोडावण पर अभी तक किये गये वैज्ञानिक शोध, आलेखों, व अपने अनुभवों को इस पुस्तक में रोचक ढंग से प्रस्तुत किया है। पुस्तक में गोडावण की भारत में ऐतिहासिक व वर्तमान स्थिति, वितरण, व्यवहार, प्रजाति पर मंडराते हुए संकट, और गोडावण के संरक्षण हेतु भविष्य की कार्य योजनाओं का जन सामान्य की भाषा में सुरुचिपूर्ण वर्णन किया है। पुस्तक में सम्मिलित किये गये रेखाचित्र व दुर्लभ छायाचित्र गोडावण के व्यवहार का समुचित प्रतिनिधित्व करते हैं, व उस व्यवहार को समझना पाठकों के लिये आसान बना देते हैं। गोडावण के भारत में ऐतिहासिक वितरण से सम्बन्धित संदर्भ, पुस्तक को प्रामाणिकता प्रदान करते हैं। मुझे आशा है कि यह पुस्तक सुधी पाठकों, वन्यजीव प्रेमियों, और पक्षीविदों के पुस्तक संग्रह व पुस्तकालयों में प्रमुख स्थान प्राप्त करेगी। इस पुस्तक के माध्यम से न केवल जन समूह में संरक्षण चेतना का प्रादुर्भाव होगा, वरन वन्यजीव प्रेमी, नीति निर्धारक, और स्थानीय जन मानस गोडावण संरक्षण के प्रति अधिक संवेदनशील हो जायेंगे।

मैं लेखक को बधाई देना चाहता हूं कि उन्होंने गोडावण और उसके प्राकृतवास के संरक्षण के महत्त्व की ओर ध्यानाकर्षित करने के लिये इस बहुपयोगी पुस्तक को लिखा। मैं आशा करता हूं कि न केवल गोडावण के वितरण क्षेत्र में रहने वाले, वरन सम्पूर्ण देश के प्रकृति प्रेमी, वैज्ञानिक, नीति निर्धारक, सामान्य जन, और वन्यजीव प्रबन्धक इस पुस्तक को पढ़ेंगे।

डा. जी. एस. भारद्वाज, आइ. एफ. एस.
अतिरिक्त प्रधान मुख्य वन संरक्षक
जयपुर, राजस्थान

अपनी बात

जब मेरे मन में गोडावण के बारे में अभी तक उपलब्ध शोध व अन्य विविध जानकारी के आधार पर एक पुस्तक हिन्दी में लिखने का विचार आया, तब मेरे अधिकांश शुभचिन्तकों का सुझाव था कि गोडावण की वर्तमान अतिसंकटापन्न स्थिति को देखते हुए इस पुस्तक का क्या व्यवहारिक औचित्य है। तब मैंने सोचा कि कम से कम वह सारी शोध सामग्री तो एकत्रित की जाये, जिसमें गोडावण की ऐतिहासिक व वर्तमान आबादी, जाति वृत्त, पारस्परिक व्यवहार, प्रजनन, भोजन, पर्यावास, और प्रजाति पर मंडराते संकटों आदि पर आलेख लिखे गये हों। आश्चर्य की बात है कि ऐसी सामग्री मेरी अपेक्षा से बहुत कम थी। विगत दो दशकों के अधिकांश आलेखों में नब्बे के दशक में किये गये डा. रहमानी, मनकदन और डा. भारत भूषण के शोध का ही उल्लेख किया गया है। इन दोनों शोधार्थियों ने भारत के विभिन्न क्षेत्रों का भ्रमण कर के गोडावण के बारे में अत्यन्त महत्त्वपूर्ण जानकारी एकत्रित की थी। उस समय एक अच्छी बात यह भी थी कि छितरायी हुई होते हुए भी गोडावण की समुचित आबादी देश में फल–फूल रही थी। उस समय मध्य और पश्चिमी भारत के अतिरिक्त महाराष्ट्र, कर्नाटक और आन्ध्रप्रदेश में गोडावण की अच्छी उपस्थिति थी।

गोडावण के अतिरिक्त बस्टर्ड जाति के अन्य सदस्यों पर समुचित शोध विश्व भर में हुआ है, जो कि मेरे लिये बहुत उपयोगी सिद्ध हुआ। गोडावण के जाति वृत्त और इसके बहुत नजदीकी सम्बन्धी बस्टर्ड्स पर अत्यन्त उपयोगी काम विदेशों में हुआ है। उससे भी हमें अपने स्थानीय बस्टर्ड – गोडावण के व्यवहार, प्रजनन और उसकी पारिस्थितिकी के बारे में महत्त्वपूर्ण जानकारी मिलती है। मैंने सारी सामग्री को एकत्रित कर के एक ऐसी पुस्तक तैयार करने का प्रयास किया है, जो गोडावण में रुचि रखने वाले एक सामान्य व्यक्ति और शोधार्थी, दोनों के लिये ही समान रूप से उपयोगी हों। वैज्ञानिक तथ्यों को आसान और रोचक बनाने की दृष्टि से आरम्भ में ही गोडावण की कुलकथा, उसके ही शब्दों में, सरल भाषा में दे दी गई है। अन्त में एक अध्याय संरक्षित

क्षेत्रों, विशेषकर गोडावण के नैसर्गिक आवास क्षेत्रों के पास रहने वाले ग्रामीणों का संरक्षण के प्रति दृष्टिकोण, उनकी अनुभूति और क्षेत्रीय प्रबंधन में उनकी सहभागिता पर दिया गया है। इसमें विषय विशेषज्ञ संस्थाओं और वन विभाग के दृष्टिकोण को प्रस्तुत करने का प्रयास किया गया है, और साथ ही मेरे 30 वर्ष के स्वयंसेवी अनुभव को मैंने प्रस्तुत किया है।

मैंने सबसे पहले इस पुस्तक की पांडुलिपि डा. असद रहमानी और डा. सुजीत नरवडे को उनके सुझावों हेतु भेजी थी, जिन्होंने मुझे अपने सुझावों से अवगत कराया, जिसके लिये मैं उनका आभारी हूँ। डा. सुजीत नरवडे ने पूरी पांडुलिपि को पढ़ कर, उसमें गोडावण के वर्गीकरण से सम्बन्धित कुछ अंश जोड़े, जिसके लिये मैं उनका हृदय से आभारी हूँ। मुझे इस बात का अहसास है कि हिन्दी में एक वैज्ञानिक विषय पर लिखी गई पुस्तक को पढ़ कर, उस पर सुझाव देना अधिकांश वैज्ञानिकों के लिये कठिन है, पर फिर भी डा. सुजीत नरवडे ने उचित सुझाव दिये, और डा. रहमानी ने भारत में गोडावण के संरक्षण प्रजनन की आवश्यकता पर एक आलेख भेजा, जिसका उपयोग पुस्तक में किया गया है। अपनी बात समाप्त करने से पहले मैं पुस्तक की भूमिका लिखने के लिये डा. असद रहमानी का विशेष आभार व्यक्त करना चाहता हूँ। डा. हिम्मत सिंह ने इस पुस्तक के लिये गोडावण के व्यवहार से सम्बन्धित रेखाचित्र बनाये, जिसके लिये मैं उनका हृदय से आभारी हूं। श्री देवकी नन्दन जी ने सौंखलिया, राजस्थान में खींची गई गोडावण की एक दुर्लभ छवि मुखपृष्ठ के लिये उपलब्ध करवाई है, जिसके लिये उन्हें कोटिशः धन्यवाद। डा. असद रहमानी, डा. सुजीन नरवडे व डा. जी. एस. भारद्वाज ने इस पुस्तक को पाठक के लिये अधिक रोचक व उपयोगी बनाने हेतु गोडावण के दुर्लभ छायाचित्र उपलब्ध करवाये, जिसके लिये वे धन्यवाद के पात्र हैं। पुस्तक के लिये अंतिमहत्त्वपूर्ण भूमिका के लेखन हेतु मैं डा. जी एस भारद्वाज का विशेषरुप से आभारी हूँ। लोक गीतों में गोडावण विषय पर सामग्री उपलब्ध करवाने और बातचीत करने के लिए मैं श्री राकेश रामावत का हृदय स आभारी हूं। अन्त में मैं श्री मनीष आर्य व शिवभूषण सिंह गौतम जी को धन्यवाद देता हूँ, जो समय–समय पर मेरे लेखकीय प्रयासों में सहयोग करते रहे हैं।

राकेश व्यास

204, वाश्ले मेनर, रुस्तम बाग,

बंगलुरु 560017

अनुक्रमणिका

गोडावण का मरूस्थलीय आवास

–जी. एस. भारद्वाज

गोडावण का सामूहिक व्यवहार

–जी. एस. भारद्वाज

गोडावण मादा और चूजा

–जी. एस. भारद्वाज

गोडावण नर

–जी. एस. भारद्वाज

गोडावण प्रणय क्षेत्र या लेक

–जी. एस. भारद्वाज

नर गोडावण का मादा के सम्मुख प्रणय प्रदर्शन

–जी. एस. भारद्वाज

नर गोडावण का प्रणय प्रदर्शन

–जी. एस. भारद्वाज

सूर्यास्त में गोडावण

–सुजीत नरवडे

ताप बिजली घर के पास गोणवण

–सुजीत नरवडे

गोडावण का काले हिरण और भेड़िये से सम्पर्क

–सुजीत नरवडे

उड़ते हुए गोडावण

–सुजीत नरवडे

नर गोडावण समूह अपने नैसर्गिक आवास में

– असद रहमानी

कृषि भूमि में गोडावण

–जी. एस. भारद्वाज

सरसों के खेत में गोडावण

–मनीष

गोडावण पोकरन में

–सुजीत नरवडे

पथांतरक

स्थानीय नाम – गोडावण – राजस्थान; हुकना, सोन चिरैया, नाहर गूंजनी, भेरार (सागर क्षेत्र), सिरैलू (नर्मदा क्षेत्र) – मध्य प्रदेश; हुम्मा – छत्तीसगढ;, घोरार – काठियावाड; तुगदर – पंजाब; गुराइन – हरियाणा; हुम, मार्धोंक, माल्धोंक, कराधोंक, कारलुंक – महाराष्ट, मराठवाड़ा, विदर्भ; गुरह्ना – सिंध; बट–मेका – तेलुग; बट्टा–मेखा, यनादि, गुनद – पारदी; कनाल–म्यिल – तमिल; हेरि–हुक्की, येरेलाडु, अर्ल–कुगीना–हुक्कि – कर्नाटक

गोडावण के शब्दों में उसकी कुलकथा

ऐसा नहीं है कि सदा से मेरे कुल की स्थिति इतनी अधिक संकटापन्न थी। मेरे पूर्वजों का इतिहास गवाह है कि हमारा विस्तार भारतीय प्रायद्वीप के उत्तर में पंचनद से लेकर दक्षिण में मैसूर तक और पश्चिम में सिंध से लेकर पूर्व में सम्बलपुर तक था। अपने–अपने क्षेत्र में रहते हुए भी मेरे पूर्वज प्रसन्न और सम्पन्न थे, और हमारा प्राकृतिक आवास अखण्ड होने के कारण यथासम्भव एक–दूसरे से मिल–जुल लेते थे। इस प्रकार हमारे आपसी सम्बन्ध सुदृढ़ रहते थे और माता–पिता दूर–दूर के परिवार से आने के कारण हमारी पीढ़ियों का स्वास्थ्य अच्छा रहता था। हम में वंशानुगत रोगों का अभाव था, और हमारी जीवन क्षमता अच्छी थी। मेरे कुल का उद्भव अत्यन्त प्राचीनकाल में हो चुका था, जिसका विवरण वैज्ञानिकों ने कुछ इस प्रकार दिया है।

मेरे कुल को पश्चिमी देशों में 'बस्टर्ड' नाम दिया गया है, और पता चला है कि अन्य कुलों से हमारा विलगीकरण साढ़े सात से आठ करोड़ वर्ष पूर्व आरम्भ हो गया था। उसके बाद हमारे कुल का वंशों व जातियों में विभाजन लगभग ढाई करोड़ वर्ष पहले होना आरम्भ हो गया था। इतने कम कालखंड में इतनी अधिक जातियों का विकास वैज्ञानिकों के लिये आश्चर्य की बात है। इस पर भी देखने योग्य बात यह है कि इतने कम समय में ही विश्व के विशाल भू भाग में हमारे आठ वंशों और 27 जातियों का वितरण हुआ, जिसमें सुदूर पूर्व में स्थित आस्ट्रेलिया भी सम्मिलित है। हमारा सम्बन्ध 'आर्डिओटिस' वंश से है, और वैज्ञानिक मानते हैं कि हमारे वंश का 'निओटिस' वंश के साथ जोड़ा है। माना जाता है कि हमारा उद्भव अफ्रीका के ऊष्ण कटिबंधीय (अफ्रो–ट्रोपिकल) क्षेत्र में हुआ था। वैज्ञानिक मानते हैं कि मेरे वंश 'आर्डिओटिस' के चार प्रतिनिधि विश्व में पाये जाते हैं, जिनमें से भारतीय गोडावण और आस्ट्रेलियाई गोडावण के

बीच बहन–बहन का सम्बन्ध भगिनीत्व (सिस्टरहुड) माना जाता है। आर्डिओटिस वंश के हम दो सदस्य ही अफ्रीका के बाहर भारत और आस्ट्रेलिया में पाये जाते हैं, बाकी दो सदस्य अफ्रीका व अरब देशों में पाये जाते हैं। मेरी इस बात का वैज्ञानिक आधार आगे आने वाले अध्याय में दिया गया है।

मूल रूप से कंकरीले पठार और ऊंचे–नीचे घास के मैदान हमारी पहली पसंद थे, पर कालान्तर में मानव निर्मित कृषिक्षेत्रों को भी हमने अपना लिया। इन्हीं मैदानों में हिरण इत्यादि वन्यजीव और मानव बस्तियों के पालतू मवेशी भी चरा करते थे। इससे लगता है कि मनुष्य की रिहायशी बस्तियों से हमारा सम्बंध अत्यन्त प्राचीन है। महाराष्ट्र के एक शोधकर्त्ता को 1400 से 1600 वर्ष पुरानी मानवीय बस्ती के उत्खनन में हमारे पूर्वजों की हड्डियां मिली थीं। यह दर्शाता है कि मानव सभ्यता से हमारा परिचय बहुत पुराना है, और शायद मनुष्य द्वारा भोजन के लिये हमारा शिकार किया जाता था। पर प्राचीनकाल की हमारी संख्या के आकलन और वितरण से लगता नहीं कि एक–डेढ़ सदी से पहले हमारे बीच कोई संघर्ष की स्थिति थी, या हमारे अस्तित्व पर किसी प्रकार का संकट था। अपने बड़े आकार और खुले मैदान में रहने की आदत के कारण किसी भी शिकारी के लिये हमें देख पाना बहुत सरल था, इसीलिये हमारे पूर्वजों ने मनुष्य से सुरक्षित दूरी रखनी आरम्भ कर दी। आज भी हमारे व्यवहार को देखें तो आपको पता लगेगा कि हम बिना किसी प्रकार के भय का प्रदर्शन किये हुए, केवल पीछा करने वाले से दूर चलते चले जाते हैं। यदि फिर भी लगता है कि पीछा करने वाला भी जिद्दी है, तो उड़ कर कुछ दूर चले जाने के अलावा कोई विकल्प नहीं रहता है। वैसे अपने पंखों से अधिक भरोसा हमें अपनी टांगों पर है, क्योंकि वजन में कुछ अधिक होने के कारण, उड़ान भरने से पहले कुछ कदम दौड़ कर गति पकड़नी पड़ती है।

वयस्क हो जाने पर प्रायः हमें मनुष्य के अलावा अन्य किसी शिकारी जानवर या पक्षी से डरने की आवश्यकता नहीं होती है, पर अंडों पर बैठी हुई मादा और चूजे, इनके कारण संकट में पड़ सकते हैं। जब मनुष्य हमारा शिकार भोजन के लिये करता था, तब बात अलग थी। उस समय मनुष्य के पास यदि चालाकी, धनुष–बाण जैसे हथियार, और फंदे थे, तो हमारे पास भी चौकन्नापन और उड़ने की क्षमता जैसे सुरक्षा के साधन थे। कालान्तर में बंदूकों से शौकिया शिकार होने लगा, और घोंसलों में से अंडों की चोरी होने लगी। इस प्रकार की लड़ाई के लिये प्रकृति ने हमें तैयार नहीं किया था। इस

कारण से हमारी आबादी तेजी से कम होने लगी। इतनी समस्यायें क्या कम थीं, जो विगत चार–पाँच दशक में आये भू–उपयोग परिवर्तन – विशेषकर चरागाहों का कृषिभूमि में परिवर्तन, खेती के बदलते स्वरूप, विषैले कीटनाशक, दूर–दूर तक फैले बिजली के तारों के जाल, और पवन चक्कियों ने हमारे वंश को लगभग नष्ट ही कर दिया। हमारा प्राकृतिक परिवेश नष्ट होता चला गया, मानवीय आबादी का दबाब इतना बढ़ता चला गया कि हमारे लिये निर्धारित संरक्षित क्षेत्र भी उससे बच नहीं पाये। रही सही कमी मनुष्य के साथ–साथ इन क्षेत्रों में आये कुत्तों ने पूरी कर दी। अपने प्राकृतिक शिकारियों से बचना तो फिर भी आसान था, पर ये कुत्ते झुंड बना कर इतना अधिक परेशान करते हैं कि न तो हम चैन से भोजन कर पाते हैं और न ही एक स्थान पर आराम। हमारे घोंसले व चूजे भी इनसे सुरक्षित नहीं हैं।

हमारी आदत है कि नर और मादा गोडावण अपने–अपने समूह में ही रहते हैं। ऐसा कम ही अवसरों पर होता है, जब हमारे मिले–जुले समूह में देखे गये हों। हमारी आदत है कि मिश्रित समूह में भी हम अपने उप–समूह बना लेते हैं। मिश्रित समूह प्रायः भोजन की प्रचुर मात्रा उपलब्ध होने की स्थिति में ही बनते हैं। ऐसे समय पर जब पसंदीदा फसलें पकने लगती हैं तो नर–मादा एकत्रित होकर एक साथ भोजन करते हैं। अनेक समूह एक स्थान पर एकत्रित होकर बड़े झुंड का आभास देते हैं, पर झुंड बनाना हमारी प्रकृति नहीं है। भोजन की प्रचुरता के कारण समूह के सदस्यों के बीच किसी प्रकार का संघर्ष नहीं होता है, और एक दूसरे के प्रति सहनशीलता बढ़ जाती है। वयस्क नर अपने चुने हुए स्थान या क्षेत्र पर अतिक्रमण सहन नहीं करते हैं, और उसकी रक्षा करते हैं। अपनी आदत के अनुसार ये प्रतिवर्ष प्रजनन के लिये निश्चित स्थान पर लौट कर आते हैं, इसलिये प्रजनन काल के आरम्भ होने पर नरों के झुंड बिखरने लगते हैं। हमारे वंश के नर की गतिविधि काफी हद तक एक ही निश्चित स्थान या क्षेत्र तक सीमित रहती है, और यदि हमें अवसर मिले तो हम कई–कई महीनों तक एक ही क्षेत्र में घूमते रहते हैं।

प्रजनन काल आने से पहले मादायें भी अपने समूह से अलग हो जाती हैं। इस समय केवल अवयस्क मादायें और अवयस्क नर साथ–साथ रहते हैं। प्रजनन काल में वयस्क नर अपने क्षेत्र में केवल मादाओं और अवयस्क नरों को ही आने देते हैं। मादा को अपनी ओर आकर्षित करने के लिये नर अपनी गर्दन की थैली फुला कर गम्भीर हुंकार भरने जैसी आवाज निकालते हैं। प्रणय

काल समाप्त हो जाने के बाद घोंसला सम्हालने, अंडों को सेने और चूजों को बड़ा करने की जिम्मेदारी मादा स्वयं उठाती है। इस समय अवयस्क मादायें, उसके आस–पास मंडराती देखी जा सकती हैं। इससे उनको भावी जीवन के लिये प्रशिक्षण का मौका भी मिल जाता है।

हमारी जाति के सभी पक्षी प्रायः सर्वभक्षी होते हैं, अर्थात हमें कीड़े–मकोड़ों, छोटे सरीसृप से लेकर पत्तियां, खाद्य फसलों के बीज, अनाज आदि सभी पसंद हैं। इसके अतिरिक्त भोजन के पाचन में सहयोगी अखाद्य पदार्थ, जैसे कि कंकड़ आदि भी हम चुगते हैं। बरसात के मौसम में बहुतायत से मिलने वाला एक फफोला–भृंग या ब्रिस्टल बीटल भी हमारे भोज्य पदार्थों में आता है। इसके शरीर में पाया जाने वाला विषैला तत्त्व हमारे लिये दवा का काम करता है। इससे पेट के कीड़े मर जाते हैं और सामान्य स्वास्थ्य ठीक रहता है। पंखों के बीच रहने वाले कीड़ों से मुक्ति पाने के लिये हम समय–समय पर धूल–स्नान भी करते हैं।

हमारा पसंदीदा निवास स्थान चूंकि खुला–खुला घास और झाड़ियों वाला मैदान और अर्ध–मरुस्थलीय भूभाग होता है, इसलिये वहां निवास करने वाले अन्य पशु–पक्षी हमारे सम्पर्क में आते हैं। हमारी पड़ोसी पशु–पक्षी प्रजातियों में काला हिरण, लोमड़ी, सफेद–आँख बजार्ड या टीसा, नीलकंठ, भुजंगा आदि प्रमुख हैं। कुछ प्राणियों के प्रति हम उदासीन रहते हैं, तो कुछ से हमारा व्यवहार विरोध पूर्ण या भय पूर्ण होता है। लोमड़ी, कौवा, गिद्ध, चील और पालतू मवेशी आदि हमारे 'असहयोगी' प्राणी और भुजंगा, नीलकंठ और सफेद–आँख बजार्ड आदि 'सहयोगी' प्राणी हैं। सहयोगी प्रजाति के पशु–पक्षियों के साथ हम सामान्य व्यवहार करते हैं, और इनके एकदम पास आ जाने पर भी हमारा व्यवहार मित्रवत रहता है। अधिकांश सहयोगी प्राणियों के आस–पास रहने से हमें परस्पर लाभ मिलता है। असहयोगी या भय–उत्पन्न करने वाले प्राणियों से हमारे डर का मुख्य कारण अंडों और चूजों की सुरक्षा है। इनमें विशेष रूप से चील, कौवा, लोमड़ी, सियार और कुत्ते हमें कतई नहीं सुहाते हैं। वयस्क हो जाने पर हमें किसी भी शिकारी पशु या पक्षी से डर नहीं लगता है।

यह तो संक्षेप में मेरी कुलकथा आपने मेरे शब्दों में पढ़ी, पर पुराने शिकारी, वैज्ञानिक और शोधार्थियों ने हमारे जीवन से सम्बन्धित अनेक अध्ययन किये हैं, और कुछ महत्त्वपूर्ण निष्कर्ष निकाले हैं। जिनका विवरण नीचे उनके ही शब्दों में प्रस्तुत किया जा रहा है। अन्त में मैं पुनः एक बार अपने पाठकों से अपनी बात कहूंगा।

2. ओटिडिडी कुल (बस्टर्ड) का जाति वृत्त (Phylogeny)

किसी भी प्राणी जाति के क्रमिक विकास और उसके अपनी समीपी जातियों के साथ सम्बन्ध को उसका जाति वृत्त कहते हैं। विश्व में ओटिटिडी (बस्टर्ड) कुल की 27 प्रजातियों के आपसी सम्बन्ध का अध्ययन उनके डी. एन. ए. में उपस्थित 'माईटोकौन्ड्रियल साईटोक्रोम बी जीन' *(Mitochondrial Cytochrome B Gene)* के अनुक्रमण, और 'सेन्ट्रल डोमेन ।।' व 'क्रोमो–हेलिकेज– डी. एन. ए. आबद्ध जीन' (सी एच डी 1 *Chromo-Helicage D 1*) के परीक्षण द्वारा किया गया है। इस अध्ययन में ओटिटिडी (बस्टर्ड) कुल के 11 वंश (जेनेरा) और ग्रुईफार्म के चार बाहरी वंश सम्मिलित हैं।

इस अध्ययन से जो चार बातें उभर कर सामने आई हैं, वे हैं –

– बस्टर्ड कुल के जाति वृत्त के विकास की बहुत आरम्भिक अवस्था में वंश विकीर्ण हो गये थे (या एक–दूसरे से दूर–दूर चले गये थे), जिसकी वजह से इनकी दस शाखायें स्पष्ट दिखाई देती हैं,

– इन वंशों के कई जोड़ों में बहन–सम्बन्ध दिखाई देते हैं, जैसे कि आर्डिओटिस और निओटिस; एफ्रोटिस और यूपोडोटिस; ओटिस और क्लेमाईडोटिस; तथा हौबारोप्सिस और साइफोटाइड्स;

– यूपोडोटिस वंश बहुस्त्रोतोद्भवी हो सकता है, अर्थात इस वंश का उद्‌गम विभिन्न स्त्रोंतों से हो सकता है, और

– वर्तमान के परिसीमित वंश आर्डिओटिस और निओटिस : की वंशावली स्वतंत्र–संघीय (इंडिपेडेंट मोनोफाइलेटिक लिनिएज *Independent Monophyletic Lineage*) नहीं है।

आनुवांशिक प्रमाण के आधार पर बस्टर्ड कुल का उद्‌भव अफ्रीकी–उष्णकटिबंधीय (एफ्रो–ट्रोपिकल *Afro Tropical*) में होना सिद्ध होता है। क्रिश्चियन पित्रा और साथियों के अध्ययन से पता चलता है कि क्रेन कुल (भारत में सारस जिसका एक प्रतिनिधि है) और बस्टर्ड कुल (भारत में गोडावण जिसका प्रतिनिधि है) का एक–दूसरे से विलगीकरण या विचलन लगभग 7.6 करोड़ वर्ष पहले हुआ है। सिबली और एलक्विस्ट द्वारा किये गये अध्ययन में यह काल 7.9 करोड़ वर्ष से भी अधिक बताया गया था। क्रिश्चियन पित्रा के अध्ययन में यह भी पाया गया कि बस्टर्ड कुल का जातियों में बंटना 2.64 करोड़ वर्ष पहले आरम्भ हो गया था। अन्य शोधकर्ताओं द्वारा अलग–अलग

तरीके से की गई शोध में भी यही परिणाम सामने आये हैं। इस अध्ययन में ग्रुईडी कुल के चार प्रतिनिधि – रेड–नाब्ड कूट, सारस, ग्रे क्राउन्ड क्रेन और मंचूरियन क्रेन तथा बस्टर्ड कुल के 27 सदस्यों के डीएनए का विश्लेषण किया गया था।

वंश के सदस्यों में भेद पता लगाने के लिये उनके आणविक, शारीरिक और व्यवहार सम्बन्धी अंतरों का महत्त्व होता है, पर बस्टर्ड कुल के जाति वृत्त के आधार में स्थित पूर्वज बस्टर्ड से नवीन वंशों और जातियों का विकास या समकालीन विचलन (कन्टेम्परेनियस डायवर्सीफिकेशन *Contemporaneus Diversification*) बहुत कम समय में हुआ है, अतः यह भेद बहुत स्पष्ट नहीं हैं। इसका अर्थ यह है कि इस कुल के सदस्यों का पूर्वज 2.2 से 2.6 करोड़ वर्ष पहले एक ही था। लगता है कि इस कुल के वंशों का विचलन उप–सहारन अफ्रीका के दक्षिणी या पूर्वी भाग में हुआ था। यह प्रसिद्ध है कि इस वंश की जातियों का विकास जाम्बेजी के दक्षिण में और पूर्व अफ्रीका की रिफ्ट घाटी के घास के मैदानों में हुआ था। दूसरे हाथ पर इनका विकास यूरेसिया या इंडो–आस्ट्रेलियाई क्षेत्र में होना संदेहास्पद है, यद्यपि इस कुल का ईओसीन काल का सबसे प्राचीन जीवाश्म (*पेलिओटिस वेल्टी*) यूरोप में ही पाया गया था। कालान्तर में हूडी और होबाल्ड ने पाया कि 'पेलिओटिरा वेल्टी' बरटर्ड न होकर छोटे आकार का शुतुरमुर्ग था। विगत कुछ समय में इस कुल के पक्षियों से मिलते–जुलते मायोसीन–प्लायोसीन काल के जीवाश्म यूरोप में काफी संख्या में मिले हैं। इससे लगता है कि मूल देश से इस वंश के पक्षियों का यूरेसिया में फैलाव बहुत कम समय में हुआ था। ऐसा लगता है कि आस्ट्रेलियाई बस्टर्ड के आस्ट्रेलिया पहुंचने का समय आनुपातिक दृष्टि से हाल का है।

इस अध्ययन से यह भी स्पष्ट हुआ कि क्लेमाईडोटिस, ओटिस, एफ्रोटिस, लोफोटिस, लिस्सोटिस और टेट्रेक्स उचित वंश हैं, और बंगाल फ्लोरिकन या लीख (*हौबारोप्सिस बेंगालेंसिस*) और लैसर फ्लोरिकन या खरमोर (*साइफेटाइड्स इंडिका*) में बहन–सम्बन्ध है। बस्टर्ड कुल में जोड़ों के उच्च स्तरीय समूह पाये गये हैं (जैसे कि आर्डिओटिस–निओटिस; एफ्रोटिस–यूपोडिटिस; क्लेमाईडोटिस–ओटिस)।

आर्डिओटिस और निओटिस को सामान्य वर्गीकरण के अनुसार पृथक वंश माना गया है, लेकिन उपलब्ध आनुवांशिक आधार–सामग्री इस निष्कर्ष पर

प्रश्न चिन्ह लगा देती है; और इन दोनों वंशों को एक वंशावली में जोड़ देती है। इन दोनों के बीच व्यवहार–सम्बन्धी समानतायें भी हैं; जैसे कि नर का प्रणय–नृत्य, जिसमें नर अपनी गर्दन की थैली को फुला लेते हैं। ओटिटिडी कुल में यूपोडोटिस वंश की स्थिति भी अनिर्णायक है। 1990 में सिबली–मुनरो ने डी एन ए – डी एन ए – संकरण शोध के आधार पर निर्णायक रूप से कहा कि *लोफोटिस रुफीक्रिस्टा, एफ्रोटिस अफ्रा, यूपोडोटिस वर्गोसी* और *लिस्सोटिस मिलेनोगेस्टर* को यूपोडोटिस में रखा जाना चाहिये। लेकिन बाद के शोध में इस धारणा के विपरीत पर्याप्त प्रमाण मिले और सिबली–मुनरो के निर्णय का प्रबल विरोध हुआ।

ग्रेट बस्टर्ड को लेकर भी भ्रम की स्थिति बनी हुई है। कुछ वैज्ञानिक इसे मोनोटाइपिक या एकलप्ररूप मानते हैं, तो कुछ इसे लिटल बस्टर्ड के साथ या आर्डिओटिस व निओटिस के साथ जोड़ देते हैं। जाति वृत्त के अध्ययन से पता चला है कि इनका नजदीकी सम्बन्ध क्लेमाईडोटिस से होना तो संभव है, पर टेट्रेक्स, आर्डिओटिस या निओटिस से कतई भी नहीं।

वैज्ञानिकों का यह भी मानना है कि शारीरिक संरचना द्वारा भी वंशावली के आपसी सम्बन्धों से जुड़े हुए अनेक विवादों को हल किया जा सकता है। शारीरिक–संरचना पर आधारित जाति वृत्त में बस्टर्ड गण को इनकी शारीरिक संरचना की समानता के कारण एक सीमान्त वर्ग (मार्जिनल ग्रुप *Marginal Group*) में रखा गया था।

पित्रा और साथियों के शोध को आगे बढ़ाते हुए ब्रोडर्स और साथियों ने ओटिटिडी कुल के 7 वंशों की 11 जातियों के जाति वृत्त का अध्ययन किया है, जिससे इस रोचक कुल के सदस्यों की पारिस्थितिक स्थिति और व्यवहार की व्याख्या की जा सके। उन्होंने कुल के माइटोकौन्ड्रियल सायटोक्रोम बी *Mitochondrial Cytochrome B* (1143 बीपी) के अनुक्रम का अध्ययन करके उनके वर्गीकरण और जाति वृत्त को सुनिश्चित करने का प्रयास किया है। ब्रोडर्स और साथियों के अनुसार फ्रांस के फौस्फोराइट्स डु क्वेर्सी क्षेत्र में पाया गया बस्टर्ड कुल का सबसे पुराना जीवाश्म करीब 3.8 करोड़ वर्ष पुराना है, जो कि उत्तर ईओसीन से पूर्व ओलिगोसीन काल का बैठता है। इन्होंने दो अन्य उद्धरण देकर लिखा है कि बावेरिया से मायोसीन काल का 2.3 करोड़ वर्ष पुराने और एशिया से प्लायोसीन काल का 50 लाख साल पुराने बस्टर्ड के

प्रमाण मिले हैं। डेल होयो और साथियों के अनुसार बस्टर्ड कुल का प्रादुर्भाव 7 करोड़ वर्ष पूर्व हुआ था। अपनी आधार–सामग्री का विश्लेषण करने के बाद इन वैज्ञानिकों का अनुमान है कि इस कुल के जन्म का समय 4 से 5 करोड़ वर्ष का होना चाहिये। इनका यह भी कहना है कि चूंकि अधिकांश वर्तमान पक्षी कुलों के जन्म का समय क्रिटेशियस और टर्सियरी काल के संधिस्थल पर हुआ है; जिस समय विस्फोटक जातीय विकिरण हुआ था। अतः ये 5 से 6 करोड़ वर्ष के अपने अनुमान को तर्कसम्मत मानते हैं। इनका यह भी निष्कर्ष है कि इस कुल के यूरेसियाई सदस्य अपने अफ्रीकी सदस्यों से लगभग 3.7 करोड़ वर्ष पहले अलग हो गये थे।

कोहेन द्वारा सन 2011 में अफ्रीकी ओटिडिडी पर किये गये शोध में कुछ अलग ही निष्कर्ष सामने आये हैं। उसके अनुसार इस कुल के 27 वंशों में से 22 अफ्रीका में पाये जाते हैं। इस कुल का वर्गीकरण और इसके सदस्यों के आपसी आनुवंशिक सम्बन्धों के बारे में अभी वैज्ञानिक एक राय नहीं हैं। इस कुल के हाल की के आनुवांशिक जाति वृत्त ने और भी अधिक विरोधाभासी निष्कर्ष प्रस्तुत किये हैं। बस्टर्ड कुल में नर–मादा के आकार में अंतर, समागम पद्धति (लेक या प्रणय–प्रदर्शन–क्षेत्र बहुपत्नी प्रथा या एकपत्नी प्रथा), और विस्तृत प्रणय प्रदर्शन की बड़ी विविधता पाई जाती है। ओटिडिडी में आर्डिओटिस, निओटिस को पैराफायलेटिक *(Paraphyletic)* या बहुस्त्रोतोद्भवी बना देता है; और एफ्रोटिस व ब्लू यूपोडोटिस क्लेड (एक स्त्रोत से उत्पन्न) का बहन–सम्बन्ध स्थापित होता है; जबकि यूपोडोटिस बहुस्त्रोतोद्भवी सिद्ध होता है।

ओटिडिडी में बहुपत्नीत्व, हवाई प्रणय–प्रदर्शन, नर–मादा के आकार में अंतर, और सहकारी प्रजनन का परीक्षण जाति वृत्त के आधार पर किया गया। यूपोडोटिस में एकपत्नीत्व की प्रथा का विकास हुआ पर यह एफ्रोटिस में पलट कर पुनः बहुपत्नीत्व प्रथा हो गई। माइटोकौन्ड्रियल और आणविक डी.एन.ए., व्यवहार और शरीर विज्ञान के आधार पर ओटिडिडी कुल में बड़े और छोटे बस्टर्ड के निम्न क्लेड (एक स्त्रोत उत्पन्न) पाये गये।

– क्लेड बड़े बस्टर्ड (ये सभी एक–स्त्रोत उत्पन्न नहीं हैं) : क्लेड ओ सी (ओटिस और क्लेमायडोटिस); क्लेड ए एन (आर्डिओटिस और निओटिस); टेट्रेक्स; और कभी–कभी लिस्सोटिस; और

– क्लेड छोटे बस्टर्ड : लोफोटिस; क्लेड फ्लोरिकन (*हौबारोप्सिस बेंगालेंसिस और सायफोटाइड्स इंडिका*); और क्लेड ई ए, इसके तीन उप क्लेड : क्लेड हीटरोटेट्रेक्स (*यूपोडोटिस ह्यूमिलिस, ई. विगोर्सी, ई. रूपेल्ली*); क्लेड ब्लू या नीले यूपोडोटिस (*ई. सीरुलेसेन्स, ई. सिनेगलेन्सिस, ई. बेरोवी*); और एफ्रोटिस।

ओटिडि फॅमिली

वंष : **ओटिस**

बड़ा गोडावण, *ओटिस टार्डा*

वंष : **आर्डिओटिस**

अरेबियन गोडावण, *आर्डिओटिस अरब्स*

कोरि गोडावण, *आर्डिओटिस कोरि*, सबस्पेसीज *कोरि* और स्ट्रुथिअनुक्लस

गोडावण, *आर्डिओटिस नायग्रिसेप्स*

ऑस्ट्रेलियन गोडावण, आर्डिओटिस ऑस्ट्रेलिस

वंष : **क्लॅमायडोटिस**

हौबारा गोडावण, *क्लॅमायडोटिस अनडङुलाटा*, सबस्पेसीज *अनडङुलाटा* और "*युर्टावेंचुरी*

कॅनेरियन हौबारा *क्लॅमायडोटिस अनडङुलाटा* "*युर्टावेंचुरी*

तिलोर, *क्लॅमायडोटिस मॅक्वीनी*

वंष : **निओटिस**

लुडविग तिलोर, *निओटिस लुडविगि*

स्टॅनली तिलोर / डेनहॅम तिलोर, *निओटिस डेनहॅमी*

ह्युग्लिन'स तिलोर, *निओटिस ह्युग्लिनि*

न्यूबियन तिलोर, *निओटिस न्यूबा*

वंष : **युपोडोटिस**

सफेद पेटवाला गोड़ावण, *युपोडोटिस सेनेगालेन्सिस*

नीला तिलोर, *युपोडोटिस सीरूलेसेन्स*

कारू तिलोर, *युपोडोटिस विगर्सी*

रूपेल नीला तिलोर, *युपोडोटिस रूप्पेल्ली*

छोटा मरु तिलोर, *युपोडोटिस ह्युमिलिस*

वंष : **लोफोटिस**

सॅविल तिलोर, *लोफोटिस सॅविलि*

लोफोटिस गिंडियाना

लोफोटिस रूफिक्रिस्टा

वंष : **ऍफ्रोटिस**

काला गोडावण, *ऍफ्रोटिस ऍफ्रा*

सफेद पंखोंवाला गोडावण, *ऍफ्रोटिस ऍफ्राइड्स*

वंष : **लिस्सोटिस**

काले पेटवाला तिलोर, *लिस्सोटिस मेलॅनोगॅस्टर*

हार्टलॉब तिलोर, *लिस्सोटिस हार्टलक्रबी*

वंष : **हौबारोप्सिस**

लीख या बंगाल खरमोर, *हौबारोप्सिस बेंगालेन्सिस*

वंष : **सायफियोटाईड्स**

खरमोर, *सायफियोटाईड्स इंडिका*

वंष : **टेट्रॅक्स**

छोटा तिलोर, *टेट्रॅक्स टेट्रॅक्स*

हिमालय के नीचे मिले सैंपल के अध्ययन से व्हिगर्स नामक शास्त्रज्ञ द्वारा 2 मार्च 1831 को गोडावण पक्षी का वर्णन वैज्ञानिक दृष्टिकोण के साथ प्रोसीडिंग्स ऑफ जूलॉजिकल सोसायटी ऑफ लंदन के पैंतीसवें खंड में संपूर्ण प्रबंध प्रस्तुत किया गया। ब्लानफोर्ड महाशय ने इस पक्षी को युपॉडिटिस एडवर्डसी, तो ग्रे नामक शास्त्रज्ञ ने ऑटिस एडवर्डसी शास्त्रीय नाम दिये। बेकर (1928), अली व रिप्ली (1969) ने गोडावण का *कोरिओटिस नायग्रीसेप्स* (व्हिगर्स) नामकरण किया। सिब्ली और मॉनरो के आधुनिक वर्गीकरण के अनुसार गोडावण *आर्डिओटिस नायग्रीसेप्स* नाम से जाना जाता है।

दुनिया में बस्टर्ड की 11 जातियां व 27 प्रजातियां पायी जाती हैं। आर्डिओटिस जाति की 4 प्रजातियां मिलती हैं –

1. ऑस्ट्रेलियन गोडावण
2. कोरि गोडावण
3. भारतीय गोडावण
4. अरेबियन गोडावण

भारत में खरमोर, भारतीय गोडावण, लीख या बंगाल का फ्लोरिकन और एशियन हौबारा – यह चार प्रजातियां पायी जाती हैं।

कोहेन के शोध में जो एक बात गोडावण की दृष्टि से महत्त्वपूर्ण है; वह है, भारतीय गोडावण *आर्डिओटिस निग्रिसेप्स* और आस्ट्रेलियाई गोडावण *आर्डिओटिस आस्ट्रेलिस* के बीच का बहन–सम्बन्ध। आर्डिओटिस–निओटिस क्लेड के केवल यही दो सदस्य अफ्रीका के बाहर पाये जाते हैं। आर्डिओटिस–निओटिस क्लेड के अन्य बुनियादी सदस्य अफ्रो–ट्रोपिकल क्षेत्र के निवासी हैं (केवल आर्डिओटिस अरब सहारा के सीमान्त पर पाया जाता है)। इससे सिद्ध होता है कि इस समूह का उद्‌गम अफ्रीका में हुआ; और वहां से इसके कुछ सदस्यों का पूर्व की ओर विचलन हुआ।

प्राणीजगत के गणों और कुलों के उद्‌भव और विकास के शोध में डी. एन. ए. और आणविक प्रणालियों से किये गये अध्ययन ने बहुत सहायता की है। इसके द्वारा गण, कुल और वंश के विकास के क्रम और उनके मूलस्थान के बारे सटीक और सतर्क निर्णय लिये जा सके हैं, पर विविध शोध प्रणालियों से अलग–अलग परिणाम मिले हैं, जो कुछ हद तक भ्रामक हैं। फिर भी यह तो स्पष्ट है कि बस्टर्ड कुल का प्रादुर्भाव अफ्रीका में लगभग 4 से 7.9 करोड़ वर्ष पहले हुआ था, और इस कुल के सदस्य उसी केन्द्रीय बिन्दु से अन्य भौगोलिक क्षेत्रों की ओर फैले थे।

3. वितरण - ऐतिहासिकः

पुरातत्त्व खोज अभियानों में अनेक बार पुरा–सामग्री के साथ–साथ कतिपय प्राणियों के अवशेष प्राप्त हो जाते हैं, जिनका मानव सभ्यता के साथ कोई न कोई सम्बन्ध था। वे या तो मनुष्य के पालतू जानवर थे, या फिर भोजनोपयोगी प्राणी थे। पूना के पुराविद पी.पी. जोगलेकर के अनुसार उन्हें महाराष्ट्र में दो स्थानों पर उत्खनन के दौरान गोडावण की पैर की हड्डियां प्राप्त हुई थीं। इनामगांव नामक स्थान से सन 1988 में उत्तर जोरवे फेज की गोडावण की हड्डियां मिली थीं। इस स्थान पर मालवा फेज (1600–1400 ईसा पूर्व) और पूर्व जोरवे फेज (1400–1000 ईसा पूर्व) की सांस्कृतिक सामग्री प्राप्त हुई थी; साथ ही उत्तर जोरवे फेज (1000–700 ईसा पूर्व) की ताम्रपाषाणयुगीन (चाल्कोलिथिक *Chalcolithic*) गोडावण के पैरों की हड्डियां मिली थीं। इसी

प्रकार अमरावती जिले के तुलजापुर गढ़ी नामक स्थान पर भारतीय पुरातत्व सर्वेक्षण द्वारा सन 1984–85 में किये गये जोरवे फेज के उत्खनन में गोडावण के पैरों की हड्डियां मिली थीं। विशेषज्ञों द्वारा इन्हें भी ताम्रपाषाणयुगीन (लगभग 500 वर्ष ईसा पूर्व) माना गया था। उत्खनन के समय पाई गई अधिकांश हड्डियां, अन्य जानवरों की हड्डियों के साथ प्राप्त हुई थीं, जिन्हें भोजन के बाद छोड़ दिया गया था। जोगलेकर ने इस तथ्य का उपयोग केवल गोडावण के तत्कालीन भौगोलिक वितरण को सिद्ध करने के लिये किया है, पर इस बात की बहुत सम्भावना है कि ताम्रपाषाणयुग में गोडावण का शिकार भोजन के लिये किया जाता था।

गोडावण के वितरण का ऐतिहासिक दस्तावेज : रहमानी और मनकदन (1990) से साभार उद्धृत (1980 तक की सामग्री पर आधारित); साथ ही लेखक का शोध

स्थान	गोडावण संख्या/उपस्थिति	ऋतु/तिथि	संदर्भ
उत्तरप्रदेश और उत्तराखंड			
जलालनगर	कभी–कभी दिखते हैं		इर्ली 1861
जिला खेरी	दो स्थानों पर		ट्वीडल 1878
मुजफ्फरनगर	पाये जाते हैं		बटलर 1880
मुजफ्फरनगर के पूर्व मे	16	शरदकाल	विल्सन 1880
गढ़मुक्तेश्वर के पास	1	5 जून	रेमेन्ट 1894
उरई (जालौन)	3		गडलस्टोन 1911
मिर्जापुर जिला	सामान्यतः कुछ	वर्षाकाल, नवम्बर, मार्च	एलन 1919
मिर्जापुर (दक्षिण)	घोंसला, 5–6 हमेशा	अगस्त 1943	लोथर 1949
टूंडला (आगरा)	1 का शिकार	1925	
झांसी	1 नर	जनवरी 1956	गांगुली 1956
यूनाइटेड प्राविंस	सामान्य शिकार योग्य पक्षी	1892–1900	इम्पीरियल गजेटीयर

पंजाब और हरियाणा			
सिरसा	अंडे एकत्रित किये	जून, जुलाई, अगस्त	ओट्स 1902
सिरसा से 12 मील	1 शिकार	गर्मी में	हीथ 1905
फिरोजपुर	2 पानी पीते हुए	मई 1912	जोन्स 1912
भटिंडा के पास	1 नर 2 मादा शिकार	फरवरी 1906	ऐटकिन 1912
रोहतक	सामान्य – शरद ऋतु	1908	इम्पीरियल गजेटीयर
मधयप्रदेश			
सेन्ट्रल प्रोविंस	उपयुक्त क्षेत्र में सामान्य	1892–1900	इम्पीरियल गजेटीयर
घाटीगांव (ग्वालियर)	1 नर, सामान्य, शिकार	1867	लुई ऊसुले 1875
दमोह से सागर का रास्ता	1, सामान्य, शिकार	1867	लुई ऊसुले 1875
मुरार (ग्वालियर)	सामान्य		बेवान 1868
नीमच	सामान्य	जुलाई में अंडे	बार्नेस 1886
सागर	1, असामान्य	जुलाई 1935	डीक्स 1935
ईसागढ़ के आसपास	सामान्य, अत्यधिक शिकार		
छत्तीसगढ़			
टिल्डा और खोरोरा के बीच, रायपुर जिला	1 का शिकार, 3 देखे गये; अच्छी संख्या	1960 या 1961	श्री आर. आर. भारोस से मिली निजी जानकारी
रायपुर	सामान्य		बाल 1878
राजस्थान			
पश्चिमी राजपूताना	बहुतायत से मिलता है	1908	इम्पीरियल गजेटीयर 1908
साम्भर झील	2, 1 का शिकार	फरवरी	एडम 1874
आबू पर्वत के उत्तर में	प्रचुर संख्या में		बटलर 1876
जोधपुर	असामान्य		

राजपूताना	प्रचुर		बार्न्स 1891
जैसलमेर राज्य	अतिसामान्य	1908	इम्पीरियल गजेटीयर
बीकानेर राज्य	भारी संख्या में	1908	इम्पीरियल गजेटीयर
अजमेर– मेरवारा	सामान्य	1908	इम्पीरियल गजेटीयर
धौलपुर	पाया जाता है	1867	लुई ऊसुले 1875
पोकरण	1 पकड़ा	अगस्त 1970	गुप्ता, ईश्वर प्रकाश
रामदेवरा (जैसलमेर)	अच्छी संख्या	अगस्त 1970	गुप्ता, ईश्वर प्रकाश
शाहपुरा (भीलवाड़ा)	14	1975 शरद	कुमार
गुजरात			
कच्छ	असामान्य		स्टोलिज्का 1872
काठियावाड़	सामान्य		ल्योयड 1873
काठियावाड़	अतिसामान्य		बटलर 1876
कच्छ	सामान्य		बटलर 1876
सोरठ प्रान्त (काठियावाड़)	50 से अधिक		कार्टर 1912
कच्छ के उत्तर–पश्चिम में	9 (1 सफेद)	जनवरी 1926	विजयराज जी
कच्छ	1 चूजा	अक्तूबर 1942	विजयराज जी
कच्छ	स्थानीय, असामान्य		सलीम अली 1945
जसदन (काठियावाड़)	कुछ संख्या में, पर में होते हुए		युवराज जसदन 1945
गोवाने (जामनगर)	लगभग 30	1962 तक	जाडेजा 1984
नेरोना ग्राम, बन्नी	7	1967	हिम्मतसिंह जी
भद्रा, लखपत, मलिया, ध्रांगध्रा, वांकानेर	1 नर 1 मादा 2–4 हर जगह	1970 के दशक में	हिम्मतसिंह जी
धनोती	1 शिकार	1946	हिम्मतसिंह जी

महाराष्ट्र			
जिला अहमदनगर	दुर्लभ होता जा रहा है		फैरबैंक्स 1876
डेक्कन	सामान्य		डेविडसन, वेन्डन, बटलर
मीरज, शोलापुर, अहमदनगर	सामान्य		बटलर 1881
पूना	पाया जाता है		बटलर
मालेगांव	80–100	1841 के करीब	फ्रेजर 1881
धूलिया	प्रजनन, सामान्य		सिमकौक्स 1913
अहमदनगर जिला	961 का शिकार	1803 से 1833	इलियट 1880
सिंगाही, शोलापुर	अनेक नर–मादा	अक्तूबर 1829	इलियट 1880
किस्तना के दक्षिण मे	1 मादा 2 अंडे	अक्तूबर 1829	इलियट 1880
औरंगाबाद, परभनी, नांदेड़	2 नर का शिकार	अक्तूबर 1924	सलीम अली 1934
औरंगाबाद–मनमाड	200–300	1923	तैयबजी 1952
कोटागांव स्टेशन	400	1926	तैयबजी 1952
अरौगांव (मेंडका नदी)	2	1966	डांगरे 1966
आन्ध्रप्रदेश/तेलंगाना			
गुंटकल, गजरापल्ली की ओर	17	1893–95	बर्टन 1953
कर्नूल जिला	शरद काल में सामान्य		टोस्टेम्स 1887
उड़ीसा			
बर्गा, संबलपुर	2		बाल 1876
कर्नाटक			
रायदुर्ग	12		मैक्मास्टर 1868
बेलगाम	पाया जाता है		बटलर 1881

श्रीरंगपटनम और नेल्लूर	कुछ संख्या में	जनवरी 1910	बेकर 1930
बंगलुरु के पश्चिम में	1		बेकर और इंगलिस 1930
नीलमंगलम,	1 का शिकार, 4 का शिकार		सलीम अली 1940
हिरियुर, चितलदुर्ग	कभी–कभी	1940	सलीम अली 1934
दावनगेर के पास	3	1975	कारंथ 1985 पत्राचार
बुक्कपटना	कभी–कभी मिलते हैं	1973	वरदराज
रानी बेन्नूर अभयारण्य	15 और अंडे	1976	नेगिन्हाल 1980
तमिलनाडु			
समयपुरम, त्रिचिनापल्ली	1 नर का शिकार		ली 1924
मदुराई जिला	कभी–कभी, संख्या में कमी	नेल्सन गजेटियर 1868	निकोल्स 1945
अरुपाकोट्टा	1 का शिकार और 7–8		टोस्टेम 1887
पाकिस्तान सिंध			
करांची	1 का शिकार		ह्यूम 1873
थार और पारकर जिले	असामान्य		ह्यूम 1873
सिंध का बड़ा भाग	दुर्लभ		बटलर 1876
थार और पारकर जिले	सामान्य		बटलर 1876
सिंध हैदराबाद के पास	1 का शिकार		
थार और पारकर जिले	5 का शिकार संग्रह के लिये		प्रीस्टले 1911
थार–पारकर	सामान्य		इम्पीरियल गजेटीयर 1908
खैरपुर सिंध	सामान्य		इम्पीरियल गजेटीयर 1908
मंथर (बहावलपुर)	1 जोड़ा, कम होते हुए		सलीम अली 1940

1980 के बाद :

होसूर (पुणे–धूलिया मार्ग)	3+2 चूजे	1998 एचएएल हवाई पट्टी	राहा, विभु प्रकाश 2001
उम्बरगांव	1	1991	
असोली–दिघोरी	2	2002	थोसार एट अल
वनोजा	6	2005	थोसार एट अल
वनोजा	4	2006	थोसार एट अल
वनोजा	1 नर 2 मादा	2006	थोसार एट अल
वरार	4	2007	थोसार एट अल
सोली–दिघोरी	1	2008	थोसार एट अल
करेरा	25–30, (समाप्त 1998 तक)	1982–86 अभयारण्य	रहमानी, मनकदन
नरवर	6	1983	रहमानी, मनकदन
छातीपुर (शिवपुरी)	4–5, 1 चूजा	1981	रहमानी, मनकदन
पोहरी	8 (10–15)	1984	रहमानी, मनकदन
घाटीगांव	6 मादा, 1+1चूजा, 1नर+7 मादा	1986,1983,1985	रहमानी, मनकदन
गुन्नौर–पेडू (पन्ना)	पंख एकत्रित किये (5?)	1988	रहमानी, मनकदन
सोंखलिया	30 (80–100?)	1986	रहमानी, मनकदन
सोरसन	8 (15–20)	1984	रहमानी, मनकदन
सोरसन	14 से कम होते हुए 1–0	1989–2001	राकेश व्यास (स्वयं देखें)
रणथम्भोर (बाघ क्षेत्र बाहर)	1	1988	रहमानी, मनकदन
दियात्रा–खितोली (बीकानेर)	3 नर, 12 नर	1983, 1986	रहमानी, मनकदन
झाझू–सियाना	3 वयस्क, 3 अवयस्क	1986	रहमानी, मनकदन
गजनेर	कभी–कभी	1986	रहमानी, मनकदन

बाप (जोधपुर)	11, 3 नर	1983, 1986	रहमानी, मनकदन
नौसर (जोधपुर)	11	1985	रहमानी, मनकदन
धवा निषिद्ध क्षेत्र	8, 3	1986	रहमानी, मनकदन
सम (मरु अभयारण्य)	1, 3, 3 नर	1986, 1983, 1986	रहमानी, मनकदन
सुदासरी (मरु अभयारण्य)	6, 25 (सम–सुदासरी बीच)	1983, 1986	रहमानी, मनकदन
खुरी–तेजसी(मरु अभयारण्य)	10	1986	रहमानी, मनकदन
मियांझर	3–5	1986	रहमानी, मनकदन
खीन्या	13	1983	रहमानी, मनकदन
अकालपुर	20–30	1983	वन विभाग
देवकोट–रासला	11, 2 नर	1986	रहमानी, मनकदन
संकरा	1 नर	1986	रहमानी, मनकदन
काकरबेट बीड़ (जामनगर)	1 अवयस्क नर, 4 मादा	1984	रहमानी, मनकदन
महादेविया बीड़	2	1983	रहमानी, मनकदन
खंगारपुर–मेहमाना बीड़	3	1985	रहमानी, मनकदन
घोघरा तालाब	3	1985	रहमानी, मनकदन
हडमतिया	2 मादा	1986	मेशरू 1986
वानी (विरमगाम–राजकोट)	1	1985	रहमानी, मनकदन
बोडामोती, गोधरा, डोन गांव	1 नर	1985	मुंडकर 1986
लायजा (मांडवी–नलिया)	5	1985	रहमानी, मनकदन
ममया–कनकपुर गांव	2 मादा, 2 अवयस्क; 4	जून 1987; अक्तूबर 1987	रहमानी, मनकदन
नन्दा बेट (छोटा रन्न)	1 नर	1986	रहमानी, मनकदन
नानज (शोलापुर)	20–25; 35–40	1981–84; 1986	रहमानी, मनकदन
कर्माला	4 नर, 3 मादा	1981–84	रहमानी, मनकदन

मिरजगांव	1–2	1981	वन विभाग
मधा	8	1981–82	वन विभाग
बोरामनी	2	1981–82	वन विभाग
गंगईवाड़ी (कासेगांव)	1 नर, 2–3 मादा	1986–88	रहमानी, मनकदन
आरनगांव के पास (अहमदनगर)	8	1982	रहमानी, मनकदन
चपडगांव	1	1983	रहमानी, मनकदन
विरगांव (औरंगाबाद)	4	1983–84	रहमानी, मनकदन
चौसला (बीड)	1	1983	गांव वाले
मौजे–अस्ते (उस्मानाबाद)	4	1984	वन विभाग
खद्रापुर (कोल्हापुर)	2	1987	गायकवाड़ 1988
जेजुरी (पुणे)	2	1986	नलावडे 1988
रोल्लापाडु (कर्नूल	40–50 (50–100)	1985–88	रहमानी, मनकदन
बंगनपल्ले	1 नर (15)	1985	रहमानी, मनकदन
नेल्लिबंडा	2 नर	1985	रहमानी, मनकदन
पेड्डापाडु	(5–6) पंजों के निशान	1985–87	रहमानी, मनकदन
सिरुवेल्ला	2 नर, पंजों के निशान	1986	रहमानी, मनकदन
पालाकुर्ती (गुडूर–कोडमूर)	5	1986	रहमानी, मनकदन
हनीमिरेड्डी (अनन्तपुर)	6	1987	रहमानी, मनकदन
शम्शाबाद (रंगारेड्डी जिला)	2 का शिकार	1983	ताहेर 1985
चेविल्ला–विकाराबाद	वर्षाकाल में दिखते हैं		ताहेर 1985
रानीबेन्नूर (धारवाड)	1 नर, 5 मादा	1982	रहमानी, मनकदन

गुट्टल प्लांटेशन	1 नर, 1 मादा, 1 अंडा 2 नर, 6 मादा 1 नर, 3 मादा	1982 फरवरी 1984 जुलाई 1984	रहमानी, मनकदन
तुलसीगेरी–गोविनकप्पा	3	1986	वन विभाग
बिल्गी (बीजापुर)	1	1988	देसाई 1988
येदियार (तुम्कूर)	1 नर	1987	कारंथ 1987
रामपुरा ग्राम (रायचूर)	2	1989	मोहिउद्दीन 1989

उपरोक्त सूची पर विचार-विमर्श

पुस्तकें और संदर्भ - ऐतिहासिक जानकारी निम्नलिखित पुस्तकों और अंग्रेज अफसरों के शिकार व यात्रा वृत्तांतों से ली गई है।

जेर्डन (1864) : लगभग सम्पूर्ण हिन्दुस्तान में पाया जाता है, बंगाल, बिहार और मलाबार तट को छोड़ कर। पश्चिम में अतिसामान्य; राजपूताने में बहुलता से, कर्नाटक और मैसूर में कभी–कभी; दक्कन और दक्षिणी मराठा देश में अपेक्षाकृत सामान्य; सागर–रीवा के इलाके में सामान्य; लेखक ने सागर के पास मार्च के महीने में एक अवयस्क का शिकार किया था। मांस गाढ़े रंग का और स्वादिष्ट; शिकार के लिये महत्त्वपूर्ण पक्षी 'गेम–बर्ड'।

ब्लेनफ़ोर्ड (1898) : सिंध और यमुना के बीच का पंजाब, पूर्वी सिंध, कच्छ, काठियावाड़, राजपूताना, गुजरात, दक्कन बाम्बे प्रेसीडेंसी, मध्य भारत का अधिकांश भाग – पूर्व में सम्बलपुर तक, हैदराबाद राज्य, मद्रास प्रेसीडेंसी का कुछ भाग, सम्पूर्ण मैसूर राज्य में, दक्षिण में मैसूर तक; भूले–भटके पश्चिमी सिंध, मेरठ और अवध में देखा गया है। बिहार, छोटा नागपुर, ओडिशा, बंगाल, मलाबार तट और श्रीलंका में कभी नहीं देखा गया है।

ओट्स (1902) : पंजाब, सिंध (कम संख्या में), पूर्व में यमुना तक, और एक रेखा में देहली से सम्बलपुर तक – मध्य भारत से होते हुए, दक्षिण में 11वें उत्तरी अक्षांश तक।

केप्टेन मैकेन्जी : जैसा स्टुअर्ट बेकर को लिख कर बताया – चार मादा गोडावण का मेजा (इलाहाबाद और मिर्जापुर के मध्य) में शिकार किया था।

विल्सन (स्ट्रेफेदर्स 1880) : शरद ऋतु में मुजफ्फरनगर में 16 का झुंड देखा था। बटलर ने भी मुजफ्फरनगर में गोडावण को कम संख्या में वर्षोपरांत

देखा है। रुड़की से गाजियाबाद के बीच के रेत के टीलों पर और मेरठ व सहारनपुर में भी कतिपय स्थानों पर पाये जाते हैं। 1871 में मिर्जापुर जिले में रेलवे स्टेशन के पास गोडावण और खरमोर, दोनों ही मिलते थे। पूर्वी सिंध में बहुतायत से और कुछ संख्या में पश्चिमी सिंध में पाये जाते थे।

कर्नल फेन्टन : सम्पूर्ण काठियावाड़ – गिर के जंगल और बरडा पहाड़ी को छोड़ कर, कच्छ की खाड़ी में मालिया, राजकोट–बर्धवान मार्ग पर चोटिला में। आदतन यायावर प्रकृति का पक्षी है। कुछ स्थानों पर शरद काल में और कुछ स्थानों पर वर्षाकाल में देखा जाता है।

डेविडसन (1878) : पूना और शोलापुर का स्थानीय पक्षी है। वर्षाकाल गें प्रजनन के लिये तो अवश्य ही एकत्रित होता है। कुछ पक्षी सारे साल इन जिलों में निवास करते हैं। (नोट – सन 1986 में भी दो गोडावण पुणे से 45 किलोमीटर दूर जेजुरी के समीप देखे गये थे)

इंम्पीरियल गजेटीयर आफ इंडिया (1908) के अनुसार : उत्तर–पश्चिमी भारत के अलावा दक्षिण में मैसूर तक पाया जाता है। यह दस्तावेज 1892 से 1900 तक एकत्रित की गई आधार–सामग्री पर आधारित था। राजपूताने के अजमेर–मेरवारा, बीकानेर और जैसलमेर में इनको अतिसामान्य बताया गया है। सेन्ट्रल प्राविंस के उपयुक्त स्थानों में सामान्य रूप से पाया जाता है। वर्तमान पाकिस्तान के खैरपुर और थार–पारकर इलाके में गोडावण को सामान्यतः देखा जाता है।

मध्य प्रदेश : उपलब्ध सामग्री के आधार पर कहा जा सकता है कि लगभग सवा सौ साल पहले गोडावण मध्य प्रदेश के सभी उपयुक्त क्षेत्रों (खुले झाड़ीदार घास के मैदान) में सामान्य रूप से पाया जाता था। बेवान (1868) के अनुसार स्थानीय बहेलिए ग्वालियर के आसपास के इलाके में इन्हें आसानी से पकड़ते थे। लगभग इसी समय में लुई ऊसुले ने भी यही बात लिखी है, और मांस के लिये इसका शिकार किया है। जेर्डन के अनुसार सागर और रीवा के पास सामान्यतः मिलता था। जेर्डन और ऊसुले द्वारा 1860 के दशक में इनका शिकार सागर और सागर–दमोह के बीच किया गया था। अधिकांश अंग्रेज अफसर और स्थानीय रईस इनका शिकार मांस के लिये करते थे। खुले मैदानी इलाके में रहने और अत्यन्त सचेत पक्षी होने के कारण इसका शिकार कठिन था, इसलिये भी इसके शिकार के प्रति उनकी रुचि अधिक रहती थी,

और सभी ऐतिहासिक उल्लेखों में इसे 'गेम बर्ड' या शिकारोपयोगी पक्षी कहा गया है। विगत 50 वर्ष के सर्वेक्षणों और अध्ययन पर निगाह डालें तो पाते हैं कि 1990 तक घाटीगांव, करेरा और सोरसन (राजस्थान) में लगभग 80–90 गोडावण मिलते थे। इन स्थानों को एक समूह में देखने का कारण गोडावण की यायावर प्रवृत्ति और इन स्थानों की एक–दूसरे से हवाई दूरी का कम होना है। अनुमान है कि वर्षा, भोजन की उपलब्धता और प्रजनन के लिये इस समूह के सदस्य एक स्थान से दूसरे स्थान पर जाते रहे होंगे। अगर 1990 को आधार वर्ष मानें तो 2001 के आते–आते, इन जगहों से गोडावण लुप्त हो गया था। यद्यपि मध्य प्रदेश वन विभाग के अनुसार काफी अंतराल के बाद घाटीगांव में 5 गोडावण सन 2011 में देखे गये थे। वर्तमान स्थिति यह है कि मध्य प्रदेश सरकार करेरा और घाटीगांव अभयारण्य के कुछ क्षेत्र को अधिसूचना से मुक्त कर रही है, और शिकार निषिद्ध क्षेत्र का प्रावधान समाप्त हो जाने के बाद सोरसन गोडावण–क्षेत्र का वन्यजीव संरक्षण अधिनियम के अन्तर्गत कोई अधिकृत महत्त्व नहीं है। सन 2018 के मध्य में यहां पर देश का पहला गोडावण प्रजनन केन्द्र बनाने की घोषणा हो चुकी है (इस परियोजना में बिलम्ब हो रहा है)।

सन 1939 के डा. सलीम अली द्वारा किये गये पक्षी–संग्रहण अभियान में उन्हें कोई विशेष सफलता नहीं मिली थी, बाद में उन्होंने सन 1970 में धर्मकुमारसिंह जी के आकलन के अनुसार गोडावण की आबादी 400 बताई थी, पर आगाह किया था कि यह संख्या बहुत बढ़ी–चढ़ी हो सकती है। रहमानी और मनकदन द्वारा 1982 से 1986 के बीच किये गये सर्वेक्षण और अध्ययन में पाई गई संख्या सर्वाधिक विश्वसनीय है। उन्होंने करेरा और घाटीगांव के अतिरिक्त छतरपुर और पन्ना में गोडावण के पाये जाने की पुष्टि की थी।

राजस्थान : जेर्डन के अनुसार राजपूताने में गोडावण प्रचुर संख्या में मिलता है। ह्यूम (1898) के अनुसार बीकानेर के पास से खान निजामुद्दीन खान ने 100 से अधिक अंडे एकत्रित किये थे। बीसवीं सदी के पूर्वार्ध में राजस्थान में गोडावण की स्थिति के बारे में बहुत जानकारी नहीं है, पर उसके बाद शायद अधिक लोगों व संस्थानों द्वारा रुचि लेने के कारण राजस्थान के अनेक जिलों से गोडावण के होने की सूचना मिलने लगी। रहमानी और मनकदन के अनुसार 80 के दशक में राजस्थान के 11 जिलों में गोडावण मिलता था, जिनमें से 5 जिलों में इन लोगों ने स्वयं उनको देखा था। ये जिले हैं : जैसलमेर,

बाड़मेर, जोधपुर, बीकानेर, पाली, जालोर, अजमेर, भीलवाड़ा, टोंक, कोटा (अब बांरा), और सवाईमाधोपुर।

महाराष्ट्र : रौबर्ट मेन्सफील्ड ने 'ओरिएन्टल स्पोर्टिंग मैगजीन' में लिखा था कि उसने 1809 से 1829 के बीच अहमदनगर के आसपास के क्षेत्र में 961 गोडावण का शिकार किया था। यह सन्दर्भ जेर्डन ने भी उद्धृत किया है। तैयबजी ने सन 1923 में मनमाड़ और अहमदनगर के बीच 200–300 और 1926 में मनमाड़ के पास 400 गोडावण देखने का दावा किया था। इस संख्या के प्रति अन्य पक्षीविदों का रवैया संदेहास्पद था, पर यह भी सत्य है कि भोजन की कमी के दिनों में यदि अचानक किसी स्थान पर प्रचुर भोजन उपलब्ध हो तो इनका इतनी बड़ी संख्या में एकत्रित हो जाना संभव है। आस्ट्रेलियाई बस्टर्ड को भी 300 से अधिक की संख्या में एकत्रित होते हुए देखा गया है। वर्तमान में यह स्थिति तो नहीं है, पर फिर भी रहमानी और मनकदन के अनुसार सोलापुर, अहमदनगर, औरंगाबाद, उस्मानाबाद, बीड, कोल्हापुर और पुणे जिलों से इनके देखे जाने के समाचार आते रहते हैं। पुणे–धूलिया मार्ग में होसूर के हवाई अड्डे पर सन 1998 में गोडावण देखा गया था (राहा और विभुप्रकाश 2001)। हाल के दिनों में नानज, सोलापुर को छोड़ कर अन्यत्र इनके पाये जाने की कोई संभावना नहीं है। थोसार व साथियों द्वारा किये गये अध्ययन के अनुसार विदर्भ में गोडावण की उपस्थिति ऐतिहासिक रूप से सिद्ध है। कड़े प्रयासों के बाद सन 1991 में नागपुर के पास उम्बरगांव में एक गोडावण देखा गया था। सन 2002 में काम्पटी तहसील के असोली–दिघोरी के पास दो गोडावण देखे गये। सन 2005 के सर्वेक्षण में चन्द्रपुर जिले के मार्डा और वनोजा गांवों के बीच छह गोडावण देखे गये थे। इसी प्रकार सन 2006 के सर्वेक्षण में वरोरा के पास वनोजा में जुलाई में चार और बाद में अगस्त में उसी क्षेत्र में एक नर और दो मादा दिखे थे। सन 2008 में असोली–दिघोरी में एक और 2007 में वरोरा (चन्द्रपुर) में चार गोडावण पाये गये थे। इस अध्ययन में लेखकों ने गोडावण के संरक्षण के लिये उसके पर्यावास के संरक्षण और जन भागीदारी के महत्त्व को दर्शाया है।

गुजरात : धर्मकुमारसिंह जी ने गुजरात में गोडावण की स्थिति पर बहुत कार्य किया है। उनके अनुसार 1950 के दशक में काठियावाड़ में गोडावण बहुतायत से पाया जाता था। गीर, गिरनार और बरडा की पहाड़ियों को छोड़ कर, सभी मैदानी गोचर इलाकों में इनका साम्राज्य था। उपयुक्त स्थानों पर वर्षोपरान्त 30–40 के

झुंड देखे जाते थे। उन्नीसवीं सदी के अन्त तक के लेखक इसे कच्छ जिले का सामान्य पक्षी बताते हैं, पर 1945 में डा. सलीम अली ने इसे दुर्लभ बताया है। बीसवीं सदी के पूर्वार्ध में इनके कच्छ में प्रजनन करने के लिये एकत्रित होने के प्रमाण मिलते हैं। इस सदी के उत्तरार्ध में गोडावण की संख्या में बड़ी कमी आई थी। 1970–71 में किये गये सर्वेक्षण में धर्मकुमारसिंह जी ने पाया कि उस समय केवल जामनगर के ओखामंडल में इनका वर्चस्व रह गया था। 1980 के करीब लवकुमार खाचर, एस.के. सिन्हा और तत्कालीन मुख्य वन्यजीव प्रतिपालक ने गुजरात में गोडावण की कुल संख्या 50 से 75 के बीच आंकी थी, और उन्हें कच्छ व जामनगर जिले तक सीमित बताया था।

आन्ध्र प्रदेश : पुराने दस्तावेजों के अनुसार गोडावण कर्नूल जिले और गुंटकल के आसपास के शुष्क क्षेत्र में पाया जाता था। सन 1980 में पुष्पकुमार ने आन्ध्र प्रदेश में केवल 15 गोडावण होने का अनुमान दिया था। इसके बाद सन 1982 में वन विभाग को कतिपय गोडावण कर्नूल जिले के रोल्लापाडु और बंगनपल्ले में मिले थे। कालान्तर में रहमानी और मनकदन ने कर्नूल जिले के नेलिबंडा, पेड्डुपाडु, सिरुवेल्ला, पलकुर्ती और मल्लिगेल्लि में भी इन्हें देखा था। अनंतपुर जिले के हनीमिरेड्डीपल्लि और रंगारेड्डी जिले के शम्साबाद और चेवल्ला में भी इनकी उपस्थिति दर्ज की थी।

कर्नाटक : उन्नीसवीं सदी के लेखकों और पक्षी विशेषज्ञों ने इनकी उपस्थिति मैसूर राज्य में दर्शाई है। उनके अनुसार हिन्दुस्तान में इनके वितरण का दक्षिणी छोर मैसूर है और मध्य व उत्तरी कर्नाटक के सूखे–पथरीले इलाकों में इनका पाया जाना सिद्ध है। 1970 के दशक में गोडावण के दावनगेरे, रानी बेन्नूर और बुक्कपटना में पाये जाने के प्रमाण मिले थे।

गोडावण की संख्या के आधुनिक आकलन :

आज से लगभग 50 वर्ष पूर्व के धर्मकुमारसिंह जी के आकलन के अनुसार सन 1969 में भारत में गोडावण की कुल आबादी लगभग 1269 थी। इन्हीं के सन 1979 के आकलन में यह आबादी कम होकर 745 रह गई थी। बर्डलाइफ इंटरनेशनल की 2001 की रिपोर्ट के अनुसार उस समय भारत में केवल 600 गोडावण बचे रह गये थे। दत्ता व साथियों ने 2010 के अपने अध्ययन में निष्कर्ष निकाला था कि भारत में गोडावण की जो भी छोटी–छोटी आबादियां हैं, उन पर आगामी 15 से 20 वर्षों में विलुप्तता का संकट तेजी से मंडरा

रहा है। इस लेख में दत्ता, रहमानी और झाला ने लिखा था कि जिन क्षेत्रों में गोडावण की आबादी 35 पक्षियों से कम है, वहां उनकी आबादी का व्यवहारिक जीवन–क्षमता विश्लेषण (वायबिलिटी एनालिसिस) न केवल बहुत कमजोर है, वरन उन आबादियों का बचे रहना असंभव सा है। इसी प्रकार जहां इनकी आबादी 100 से अधिक है, वहां भी इनकी संख्या में उत्तरोत्तर कमी की संभावना अधिक रहती है। यह बात उन्होंने गोडावण की देश भर के छः राज्यों में फैली हुई, लगभग 300 की आबादी के विश्लेषण के बाद कही है, क्योंकि पश्चिमी राजस्थान को छोड़ कर अन्य सभी स्थानों पर इनकी आबादी 35 से कम हो चुकी है। पश्चिमी राजस्थान के बाड़मेर, जैसलमेर और बीकानेर जिलों को मिला कर भी उस क्षेत्र में कुल आबादी 100 से कुछ ऊपर ही बैठती है।

इनकी लगातार गिरती संख्या को ध्यान में रखते हुए बर्डलाइफ इंटरनेशनल ने इसे सन 2011 में प्राणियों की क्रिटिकली इंडेंजर्ड (अति संकटापन्न) श्रेणी में स्थानांतरित कर दिया था। इनके अनुसार गोडावण अपने वितरण के 90: ऐतिहासिक स्थानों से लुप्त हो चुका है, और शायद विश्व में 300 से भी कम गोडावण बचे हैं। भारत की सीमा के बाहर इसका कोई भी प्रजनन क्षेत्र नहीं बचा है। विशेषज्ञों द्वारा जारी किये गये आकलन के अनुसार इनकी आबादी में 1980 से 2000 के बीच भारी गिरावट आई है, जिसका प्रांत वार ब्यौरा निम्न प्रकार है :–

	1980	2000
आंध्र प्रदेश	80–100	34–40
कर्नाटक	20–30	<20
महाराष्ट्र	60	20–25
मध्य प्रदेश	30–35	<35
गुजरात	50	30
राजस्थान	500	80–100

आई.यू.सी.एन. की रेड लिस्ट 2018 के अनुसार वर्तमान में गोडावण की कुल आबादी 50 से 249 हो सकती है, जो छः उप–आबादियों में बंटी हुई है। इनके किसी भी एक मुख्य क्षेत्र में कुल आबादी 1–89 तक होने की संभावना है। गोडावण की संख्या में कमी का प्रमुख कारण वयस्क पक्षियों की संख्या में कमी और इनके वितरण के क्षेत्रों की संख्या में कमी है। विगत 20 वर्षों के

अंदर मध्य प्रदेश में स्थित करैरा और घाटीगांव सोन चिरैया अभयारण्यों से ये लुप्त हो चुके हैं। इसी प्रकार दक्षिण–पूर्वी राजस्थान के प्रस्तावित सोरसन गोडावण संरक्षित क्षेत्र में भी सन 2001 के बाद से एक भी गोडावण नहीं देखा गया है।

थार मरुस्थल में गोडावण और उसी पर्यावरण में रहने वाले वन्यजीवों की स्थिति के आकलन के लिये भारतीय वन्यजीव संस्थान और राजस्थान के वन विभाग ने सर्वेक्षण किया था, जिसके निष्कर्ष सन 2014 में एक रिपोर्ट के रूप में छपे थे। इस रिपोर्ट के अनुसार थार के मरुस्थल में विश्व की कुल गोडावण आबादी के 75% गोडावण निवास करते हैं। यह सर्वेक्षण 25500 वर्ग किलोमीटर के क्षेत्रफल में फैले हुए जैसलमेर और जोधपुर जिले के हिस्सों में किया गया था। सर्वेक्षण में पाया गया कि इस क्षेत्र में 00.61 गोडावण प्रति 100 वर्ग किलोमीटर के क्षेत्र में रहते हैं। सर्वेक्षण में 38 (सीमा 34–43, एक ही पक्षी की दो बार गिनती हो जाने या छूट जाने के आधार पर) गोडावण व्यक्तिगत रूप से देखे गये, और आंकड़ों की सांख्यकीय गणना करने पर सिद्ध हुआ कि अध्ययन क्षेत्र में गोडावण की कुल आबादी 103 + – 62 और थार के परिदृश्य (के संभावित क्षेत्र) में 155 + – 94 होने की संभावना है। आश्चर्यजनक बात यह है कि गोडावण के लिये महत्त्वपूर्ण प्राथमिक संरक्षण क्षेत्र, वर्तमान संरक्षित क्षेत्र के बाहर हैं। जहां 1986 (रहमानी) के सर्वेक्षण में गोडावण की उपस्थिति बाप, सम–सुदासरी, खुरी–तेजसी, खिंया, रासला और संकरा में दर्ज की गई थी, वहीं इस सर्वेक्षण में इन्हें केवल सम–सुदासरी, रामदेवरा और सल्खा में देखा गया। मानवीय गतिविधि और उसके लिये आवश्यक आधारभूत निर्माण, गोडावण के संरक्षण में सबसे बड़े बाधक हैं। इनके देखे जाने की संभावना सुरक्षित बाड़ों के बाहर कम हो जाती है, और जैसा कि रामदेवरा में देखा गया कि मानवीय अतिक्रमण से मुक्त बाड़ों में ये अधिक सुरक्षित महसूस करते हैं और यहां पर ये प्रजनन भी कर रहे हैं। इस अनुभव से यही सिद्ध होता है कि गोडावण के संरक्षण के लिये जगह–जगह पर मानवीय गतिविधि से मुक्त सुरक्षित बाड़े बनाना कहीं अधिक कारगर उपाय होगा। गोविंद भारव्दाज ने पत्राचार के माध्यम से बताया कि सोंखलिया में उन्होंने 2012 में 2 गोडावण देखे थे।

कच्छ में गोडावण की वर्तमान स्थिति और संरक्षण के बारे में लिखते हुए कौर्बेट फाउंडेशन के गढ़वी और साथियों ने 2012 में दत्ता और साथियों (2010)

के हवाले से लिखा था कि कच्छ जिले में 30 के लगभग गोडावण पक्षी हैं। इस जिले के अबदासा तालुक को इन्होंने गोडावण के लिये सर्वथा उपयुक्त पाया था। लेकिन बढ़ती हुई मानवीय गतिविधि, जैसे कि उद्योगों और खेती के लिये भूमि का रूपान्तरण, 'खराबो' की भूमि पर खेती के लिये अतिक्रमण ऐसी समस्यायें हैं, जिनका गोडावण के जीवन पर सीधा प्रभाव पड़ता है। सरकारी दस्तावेजों की 'खराबो' भूमि या अनुपजाऊ भूमि गोडावण के लिये बहुत उपयोगी है। इनके प्राकृतिक आवास पर अतिक्रमण और वाहनों की अत्यधिक आवाजाही के कारण होने वाले प्रभाव के अतिरिक्त बिजली की हाई टेंशन लाइन से टकरा कर या अवैध शिकार द्वारा भी इनकी मौत हो जाती है। जब चिंकारा, मोर और लैसर फ्लेमिंगो के शिकार की घटनायें कच्छ में हुई हैं, तो माना जा सकता है कि यदा कदा गोडावण का शिकार भी हो जाता होगा। घोंसले पर अंडे सेती हुई मादा गोडावण और उसके अंडों के लिये गांव के कुत्ते समस्या बने हुए हैं। इस दस्तावेज में सलाह दी गई है कि कुनाठिया और बीटा की राजस्व भूमि के बीच धूफी गांव में गोडावण का प्रमुख संरक्षण क्षेत्र है, जिसका बचाया जाना अति आवश्यक है। नलिया के बाद यही सबसे महत्त्वपूर्ण गोडावण आवास है, इसलिये यदि गोडावण को बचाना है तो इन क्षेत्रों को बचाना ही होगा। महाराष्ट्र में सन 2017 के सितम्बर माह में वन्य जीव संस्थान द्वारा वैज्ञानिक पद्धति से किये गये सर्वेक्षण के अनुसार प्रदेश में कुल 8 गोडावण होने की संभावना जताई जा रही है। सर्वेक्षण के दौरान एक भी गोडावण नहीं दिखा था, पर प्राकृतिक आवास, स्थानीय लोगों से साक्षात्कार के आधार पर सांख्यिकीय गणना कर के इस नतीजे पर पहुंचा गया है।

बर्ड गाइड्स के 12 जुलाई 2018 के समाचार के अनुसार गुजरात में मात्र एक अवयस्क नर गोडावण बचा है। वयस्क नर गोडावण की अनुपस्थिति में गुजरात के एकमात्र कच्छ संरक्षित क्षेत्र में इनका प्रजनन बंद हो गया है। गुजरात वन विभाग की गणना के अनुसार 2016 में कुल 25 गोडावण थे, जिनमें चार नर थे। ऐसा प्रतीत होता है कि तीन वयस्क नर बिजली के तारों में फंस कर मर गये हैं। राजस्थान के मरू राष्ट्रीय उद्यान में भी इनकी स्थिति कुछ बेहतर नहीं है। मरू राष्ट्रीय उद्यान में वन्य जीव संस्थान के शोधार्थियों को 2017 के सर्वेक्षण के दौरान 4 गोडावणों के जले हुए शव प्राप्त हुए थे, जो बिजली के तारों में फंस कर मर गये थे। स्थानीय वन्यजीव प्रेमियों का

मानना है कि वर्तमान में जैसलमेर जिले और आसपास के क्षेत्र में 40–50 से अधिक गोडावण नहीं हैं।

कुछ वैज्ञानिकों ने कहा था कि गोडावण का वितरण क्षेत्र सिमट कर उसके ऐतिहासिक वितरण क्षेत्र के मुकाबले मात्र 1.7% (मुखर्जी, 1973) रह गया है। इसका अनेक पक्षीविदों ने यह कहते हुए विरोध किया था कि चूंकि इसे यदा कदा बड़े विस्तृत क्षेत्र में देखा जाता है, इसलिये इसका वितरण क्षेत्र कम नहीं हुआ है, बल्कि इसकी संख्या में अभूतपूर्व कमी आई है। बात केवल संख्या और वितरण पर समाप्त नहीं होती है, बात है गोडावण की प्रजनन के लिये व्यवहार्य संख्या की; क्योंकि माना जाता है कि प्रजनन के लिये किसी भी प्राणी के नर–मादा की एक निश्चित संख्या आवश्यक होती है। उस संख्या के अभाव में वे जीव कुछ समय तक दिखते तो रहेंगे पर प्रजनन न हो पाने के कारण समाप्त हो जायेंगे। यह बात ऊपर दिये हुए बर्ड गाइड्स के 12 जुलाई 2018 के समाचार से सिद्ध होती है। प्रश्न यह उठता है कि ऐसे कितने क्षेत्र बचे हैं, जहां इनके सुरक्षित प्रजनन के लिये नर–मादा की संख्या का महत्त्वपूर्ण अनुपात बचा हुआ है, सुरक्षित प्राकृतिक आवास है – जिसमें अंडे देने, सेने और भोजन प्राप्त करने के लिये पर्याप्त क्षेत्र उपलब्ध है, और वयस्क, अवयस्क और चूजों की सुरक्षा के पुख्ता इंतजाम हैं। किसी भी प्राणी प्रजाति की आबादी की निरंतरता और सुरक्षा के लिये उसकी एक निश्चित संख्या आवश्यक होती है, जिस संख्या से नीचे चले जाने पर उनका बच पाना कठिन हो जाता है।

पाकिस्तान में गोडावण की स्थिति – इस सारी चर्चा में आवश्यक है कि पाकिस्तान में गोडावण की उपस्थिति, संरक्षण और भविष्य के बारे में भी जानकारी हासिल की जाये, क्योंकि पश्चिमी राजस्थान और कच्छ की हमारी कुछ आबादियां इधर से उधर स्थानान्तरित होती रहती हैं। अलीम खान और साथियों के अनुसार पाकिस्तान में गोडावण एक ग्रीष्मकालीन प्रवासी और प्रजनन कर्ता पक्षी है। गोडावण संरक्षण की दयनीय स्थिति और शिकार को देखते हुए शोधकर्ताओं ने दक्षिणी पंजाब प्रान्त के चोलिस्तान क्षेत्र के तीन जिलों में इसकी आबादी के आकलन का निश्चय किया, जिसके लिये इन लोगों ने 59 शिकारी समूहों और 44 जानकार लोगों से सम्पर्क किया। इनके शोध के विगत चार वर्षों में कुल 63 पक्षी देखे गये थे, जिनमें से 49 का शिकार हो गया था। सर्वेक्षण के दौरान पाया गया कि चोलिस्तान में इनका आना जून

में आरम्भ हो जाता है, और सितम्बर तक इनकी वापसी शुरू हो जाती है। चोलिस्तान के अलावा ये सिंध प्रान्त में भी पाये जाते हैं। खान और साथियों के अनुसार, एक ओर तो भारत में इंदिरा गांधी नहर परियोजना के कारण इनके प्राकृतिक आवास का ह्रास हो रहा है, और दूसरी ओर पाकिस्तान में अवैध शिकार और संरक्षण के अभाव में गोडावण सुरक्षित नहीं हैं। इस प्रकार यह पक्षी अपने दोनों मूल स्थानों में मानवीय गतिविधि का शिकार हो रहा है। जिसके चलते इनका निकट भविष्य में लुप्त होना अवश्यंभावी दिखाई देता है।

गोडावण की आबादी का व्यावहारिक जीवन-क्षमता विश्लेषण

गोडावण की किसी भी आबादी की जीवन–क्षमता का व्यावहारिक विश्लेषण करने के लिये उनके पर्यावरण में परिवर्तन की संभावनाओं, उनके प्राकृतिक आवास की प्रबंधन नीति, उस क्षेत्र में मानवीय गतिविधि में परिवर्तन आदि का प्रभाव देखना पड़ता है। वैज्ञानिकों ने आबादी के विभिन्न स्तरों (कुल संख्या 100, 40, 25, 10 और कुछ छोटी–छोटी बिखरी हुई आबादियों) के लिये उत्तम और अधम परिदृश्य की कल्पना की है, और प्रजाति की 20, 50 और 100 वर्षों में लुप्त होने की संभावनाओं का आकलन किया है। विश्लेषण के दौरान जिन पहलुओं को आकलन का आधार बनाया गया, वे हैं – पहले और दूसरे वर्ष में मृत्यु दर, क्षेत्र की वहन–क्षमता, शिकार या मानवीय कारणों से मृत्यु और विनाशकारी दुर्भिक्ष की संभावना।

आबादी व्यावहारिक जीवन–क्षमता विश्लेषण (पापुलेशन वायेबिलिटी एनालिसिस *Population Viability Analysis*) के आंकड़ों के आधार पर बताया गया कि भारत में गोडावण की आबादी वयस्क पक्षी के शिकार या अकाल मृत्यु के प्रति अत्यधिक संवेदनशील है। एक वयस्क पक्षी का शिकार या अन्य मानव–जनित कारणों से मृत्यु, इनको और अधिक तेजी के साथ विलुप्तता की ओर ढकेल सकते हैं। पश्चिमी राजस्थान से लगे हुए पाकिस्तान के क्षेत्र में 63 में से 49 गोडावणों का शिकार विगत चार साल में हो चुका है (खान, 2008)। बहुत संभव है कि कच्छ और पश्चिमी राजस्थान के गोडावण पाकिस्तान के चोलिस्तान मरुस्थल में आते–जाते हों, जहां उनकी सुरक्षा का कोई प्रबंध नहीं है। भारत में भी शिकार की सम्भावनाओं से इनकार नहीं किया जा सकता है। (इस विश्लेषण को यदि आज के परिदृश्य में देखें तो 2010 के मुकाबले मानव जनित कारणों से पश्चिमी राजस्थान में गोडावण का मरना बहुत सामान्य हो

गया है। विगत दशक में पवन ऊर्जा के लिये लगाये गये पंखों और बिजली के तारों में फंस कर अनेक गोडावण व अन्य संकटापन्न जातियों के पक्षी मरु राष्ट्रीय उद्यान में मारे गये हैं।) इस अध्ययन में दो बातें उभर कर सामने आई हैं; एक तो यह कि गोडावण के प्राकृतिक आवास (विशेष तौर पर नर का प्रदर्शन क्षेत्र और घोंसले का स्थान) में लगातार आती हुई कमी, उपद्रव या विघ्न को नजर अंदाज नहीं किया जा सकता है। प्राकृतिक आवास की सुरक्षा से चूजे की सुरक्षा और प्रजनन की सफलता सीधे–सीधे जुड़े हुए हैं। दूसरे यह कि वयस्क नर व मादा की सुरक्षा से प्रजाति का लम्बी अवधि तक का संरक्षण जुड़ा हुआ है। इसलिये वर्तमान में जीवित प्रत्येक गोडावण की और उसके आवास की सुरक्षा किये बिना इनका संरक्षण सम्भव नहीं है, वे चाहे कितनी ही बंटी हुई आबादियों और क्षेत्रों में क्यों न रहते हों।

4. विलुप्तता के कगार पर पहुंचने के ऐतिहासिक कारण

शिकार – गोडावण के उन्नीसवीं और बीसवीं शताब्दी में हुए शिकार का विस्तृत विवरण हमें अंग्रेज शिकारियों, पर्यटकों और प्राणी वैज्ञानिकों के लिखे लेखों में देखने को मिलता है। जेम्स ने 'गेम बर्ड्स' में लिखा था कि उसने नासिक के पास मालेगांव में 8 गोडावण का शिकार एक बार में किया था। उसके अनुसार ज्वार के खेत में भोजन चुगते हुए झुंड का पीछा करते हुए उसने उड़ान के लिये तत्पर आठ गोडावणों को तीतर की तरह एक ही बार में मार गिराया था। बेकर ने जेर्डन की पुस्तक 'बर्ड्स ऑफ इंडिया' का हवाला देते हुए लिखा है कि एक शिकारी ने अकेले ही अपने जीवनकाल में 1000 गोडावण का शिकार किया था। तत्कालीन पंजाब में गोडावण को फंदे लगा कर पकड़ने का प्रचलन भी था।

जब सन 1921 में स्टुअर्ट बेकर ने अपनी पुस्तक 'गेम बर्ड्स ऑफ इंडिया' छपवाई थी, तभी भारत में गोडावण की संख्या में भारी गिरावट आ चुकी थी। उसने लिखा है कि अब यह पक्षी अनेक क्षेत्रों से लगभग लुप्त हो गया है, या इसकी संख्या में इतनी गिरावट आ गई है कि उन्हें तलाशना कठिन हो गया है। उसके अनुसार तत्कालीन (अर्थात सन 1921) स्थिति और पचास वर्ष पूर्व की स्थिति में जमीन–आसमान का अंतर आ चुका है। यह सिद्ध करने के लिये पर्याप्त है कि बेतहाशा शिकार का गोडावण की आबादी और वितरण पर असर लगभग 100 वर्ष पूर्व ही दिखाई देने लग गया था।

अंडों का संग्रह - पक्षियों के अंडों का संग्रह करने का अंग्रेज अधिकारियों और राजाओं व नबावों को शौक था। स्टुअर्ट बेकर के अनुसार खान निजामुद्दीन खान ने गोडावण के 100 से अधिक अंडों का संग्रह किया था, और उन्होंने कभी भी एक घोंसले में एक से अधिक अंडा नहीं देखा था। स्वयं बेकर के पास गोडावण के 60 अंडों का संग्रह था। यहां ध्यान देने योग्य बात यह भी है कि एक बार में मादा गोडावण एक ही अंडा देती है, एक घोंसले में दो अंडों का पाया जाना अत्यन्त दुर्लभ है। ऐसी परिस्थिति में अंडों के शौकिया संग्रह ने इनकी प्रजनन सफलता दर पर बहुत बुरा प्रभाव डाला है।

5. शारीरिक संरचना

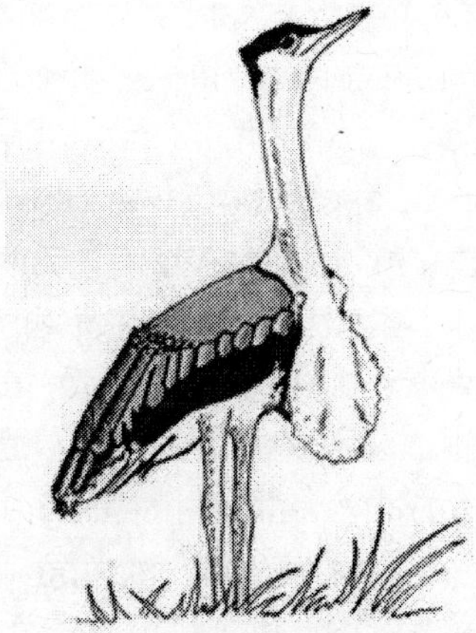

गोडावण नर

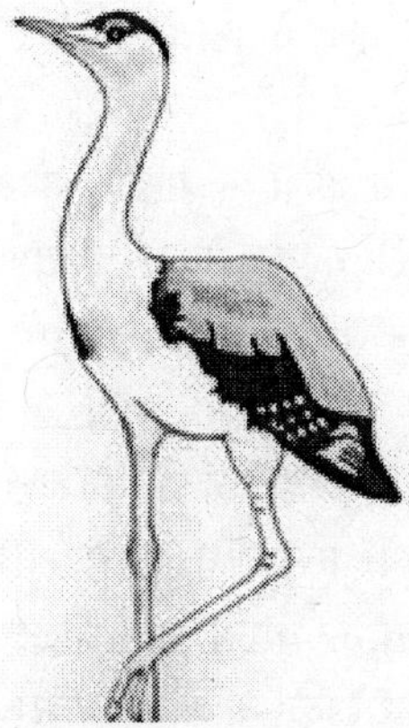

गोडावण मादा

आकार - नर – 122 सेंटीमीटर; मादा – 92 सेंटीमीटर

वजन - नर – 8 से 14.5 किलोग्राम; मादा – 3.5 से 6.75 किलोग्राम

डैने - नर – 61.4 से 76.2 सेंटीमीटर; मादा – 46.0 से 54.0 सेंटीमीटर

मुख्य लक्षण -

- नर का आकार बड़ा; काले कपाल पर छोटी शिखा, छाती पर गोल कंठा
- मादा का आकार छोटा; सामान्यतः छाती पर कंठे का अभाव, या केवल छाती के बगल में दोनों ओर गहरे भूरे धब्बे; आँख के ऊपर स्पष्ट सफेद भोंह
- कंधे से पीठ के छोर तक का रंग रेतीला बादामी भूरा

– नर की गर्दन और पेट सफेद; मादा की सफेद गर्दन और पेट पर काली कृमिल धारियां
– चौड़े डैनों के छोर पर सफेद धब्बे
– उड़ान के समय गर्दन आगे की ओर तनी हुई, पूंछ छोटी
– पैरों का रंग मलाई जैसा पीला या पीलापन लिये हुए हलका हरा
– पंजे में पिछली उँगली का अभाव, सामने की ओर तीन मांसल उँगलियां

6. प्राकृतिक आवास (Habitat)

मूल रूप से गोडावण छितराई हुई कंटीली व लघु झाड़ियों से युक्त विरल घास के मैदान का निवासी पक्षी है। खुले मैदानी इलाके में उगने वाली झाड़ियों और खेतों के अतिरिक्त चट्टानी–लहरदार पठार और अर्ध–मरुस्थलीय प्रदेश, इसके लिये उपयुक्त प्राकृतिक आवास हैं। गोडावण के वितरण क्षेत्र के अनेक इलाके पूरी तरह से शुष्क या रुक्ष हैं; अतः वैज्ञानिकों का अनुमान है कि इन क्षेत्रों में गोडावण अपने शरीर की पानी की आवश्यकता भोज्य पदार्थों से पूरी करते हैं। गोडावण प्रायः घास के मैदानों में ही पाया जाता है, और इन्हें सघन वनक्षेत्र में कभी भी नहीं देखा गया है। इस आधार पर इनको खुले झाड़ी युक्त शुष्क घास के मैदानों का पक्षी माना जाता है, जहां छितराये हुए बबूल और खेजड़ी के वृक्ष हो सकते हैं (रहमानी और मनकदन)। खेती की भूमि में फसल के बीच और फसल कटने के बाद कीड़ों और अनाज के दानों की खोज करते हुए प्रायः देखे जाते हैं। प्रजनन काल के बाद चारागाहों में मवेशियों के बीच या घास के मैदान में चिंकारों के आस–पास पाये जाते हैं। मवेशियों और चिंकारों द्वारा अशान्त किये गये कीड़े–मकोड़े इनका आसान शिकार बन जाते हैं, और कई जानवरों के आस–पास रहने से शिकारियों से भी बचाव होता रहता है। इस तरह देखा जाये तो गोडावण पथरीले या रेतीले शुष्क मैदानों का पक्षी है, जो मानवीय गतिविधियों, जैसे कि खेती और पशुपालन का भी पूरा लाभ उठाता है।

गोडावण का प्राकृतिक आवास और भूसूचना (Geoinformatics)

गोडावण अभयारण्य, नानज, महाराष्ट्र में शोध करते हुए भूसूचना वैज्ञानिक यदगे और उनके साथियों ने सन 2011 में एक शोधपत्र प्रकाशित किया था, जिसमें उन्होंने भूसूचना के आधार पर गोडावण के लिये उपयुक्त आवास

के आंकलन और संरक्षण के महत्त्व को बताया था। शोधार्थियों ने गोडावण अभयारण्य की चार तहसीलों – करमाला, मधा, मोहोल और उत्तरी सोलापुर में सुदूर संवेदन (रिमोट सेंसिंग) और भूसूचना तकनीक के उपयोग के द्वारा गोडावण के लिये सर्वाधिक उपयुक्त प्राकृतिक आवास का पता लगाया था। जिन चार मापदंडों का उपयोग इस अध्ययन में किया गया था; वे थे – भू–उपयोग और भू–आच्छादन, उपयुक्त मिट्टी, उपयुक्त उन्नतांश और सड़क से उपयुक्त दूरी।

– इन मापदंडों के आधार पर शोध क्षेत्र की छवियों का इमेज प्रोसेसिंग सोफ्टवेयर से विश्लेषण करके वैज्ञानिकों ने पाया कि झाड़ीदार और बंजर भूमि गोडावण के लिये सर्वथा उपयुक्त है।
– सोलापुर मंडल के मिट्टी–मानचित्र के आधार पर पाया गया कि गोडावण के लिये सतही मिट्टी या अत्यन्त सतही मिट्टी वाला क्षेत्र अधिक उपयुक्त है।
– गोडावण मानवीय विघ्न पसंद नहीं करते हैं, अतः ये सड़क से औसतन 500 मीटर की दूरी बनाये रखते हुए विचरण करते हैं। इस आधार पर सड़क से 500 मीटर दूर का क्षेत्र इनके स्वच्छंद विचरण के लिये उपयुक्त माना गया।

इस अध्ययन के आधार पर वैज्ञानिकों ने सुझाव दिया कि सुदूर संवेदन की तकनीक का उपयोग गोडावण के लिये सर्वाधिक उपयुक्त क्षेत्र का चुनाव करने, और उस क्षेत्र के संरक्षण के लिये किया जाना चाहिये।

उपरोक्त शोध, वैज्ञानिक अध्ययन और सामान्य ज्ञान के आधार पर कहा जा सकता है कि वर्तमान में गोडावण का वितरण भारत में अत्यन्त खंड–खंड हो चुका है। वर्तमान स्थिति इतनी गम्भीर है कि इसकी विभिन्न आबादियों के बीच की दूरी लगातार बढ़ती जा रही है। यदि राजस्थान और मध्य प्रदेश की बात करें, तो विगत 20 वर्षों में मरु राष्ट्रीय उद्यान और सोंखलिया को छोड़ कर, अन्य तीनों स्थानों – सोरसन, घाटीगांव और करेरा से गोडावण लुप्त हो चुका है। मरु राष्ट्रीय उद्यान और सोंखलिया के बीच की दूरी अधिक होने के कारण बहुत कम सम्भावना है कि इन दोनों आबादियों का आपस में सम्पर्क होगा; जबकि सोरसन, करेरा और घाटीगांव की आबादियां सम्भवतः एक–दूसरे के सम्पर्क में रही होंगीं। इन तीनों क्षेत्रों से विगत 20 वर्षों में गोडावण लुप्त

हो गया है, पर भूसूचना और सुदूर संवेदन तकनीक का उपयोग कर के इन स्थानों की वर्तमान उपयुक्तता का अध्ययन किया जा सकता है; और एक बार पुनः गोडावण के प्राकृतिक आवास का संरक्षण किया जा सकता है। गोडावण के जाने–माने आवास क्षेत्रों के संरक्षण का महत्त्व तब और बढ़ जाता है, जब कि राजस्थान में गोडावण का कृत्रिम प्रजनन आरम्भ हो चुका है, और भविष्य में प्रयोगशाला में जन्मे चूजों के पुनर्स्थापन के लिये नवीन या जाने–माने उपयुक्त इलाकों की आवश्यकता पड़ेगी। करेरा और घाटीगांव के समीप नरवर, छातीपुर (शिवपुरी) और पोहरी के अतिरिक्त गुन्नौर (पन्ना) में भी 1980 के दशक में गोडावण देखे गये थे, और बहुत सम्भावना है कि इन इलाकों में अभी भी इनका प्राकृतिक आवास सुरक्षित हो, या उसका पुनरुद्धार किया जा सके। इन क्षेत्रों की भूसूचना पुनः एकत्रित की जानी चाहिये, और बिना इस बात पर ध्यान दिये हुए कि वहां पर वर्तमान में गोडावण हैं या नहीं, उन क्षेत्रों की उपयुक्तता के आधार पर उनका संरक्षण किया जाना चाहिये। यही बात राजस्थान में बीकानेर से लेकर फलोदी–पोकरन होते हुए जैसलमेर तक के क्षेत्र पर भी लागू होती है, और गुजरात व महाराष्ट्र के उन ऐतिहासिक संस्पर्शी क्षेत्रों पर भी लागू होती है, जहां 20–30 वर्ष पूर्व तक गोडावण की उपस्थिति दर्ज लगातार होती रही थी।

गुजरात राज्य में गोडावण के अन्तिम गढ़ के रूप में बचे हुए कच्छ के इलाके में मुंजपारा और साथियों द्वारा गोडावण के प्राकृतिक आवास में वितरण और उसके उपयोग के बारे में शोध किया गया था। उन्होंने कच्छ के अबदासा तालुके में गोडावण के योग्य क्षेत्र को नौ भागों में बांटा था। अबदासा तालुके में घास के मैदान 28257 हेक्टेयर क्षेत्र (कुल क्षेत्र का 28.4%) में, खुले मैदान 27783 हेक्टेयर क्षेत्र में (27.4%), खुला छितराई झाड़ियोंदार मैदान 15685 हेक्टेयर क्षेत्र में (15.7%), खेती 11685 हेक्टेयर में (11.7%), चट्टानी इलाका 330 हेक्टेयर में (0.3%), नमक या खार जमा हुआ रेतीला क्षेत्र 4766 हेक्टेयर में (4.8%), जलक्षेत्र 909 हेक्टेयर में (0.9%), प्रोसोपिस जुलीफ्लोरा या विलायती बबूल 10089 हेक्टेयर क्षेत्र में (10.1%), और समुद्री किनारा 134 हेक्टेयर में (0.1%) है। घास के मैदान में घास की औसत ऊँचाई 0.38 मीटर से लेकर 1 मीटर के बीच है; छितराई झाड़ीदार मैदान में घास और जड़ी–बूटियों के बीच में छितराई हुई बेर, खेजड़ी आदि की झाड़ियां हैं, और खेतों में अधिकतर मूंगफली, कपास, जीरा, ज्वार और बाजरा की फसल पाई जाती है।

शोधकर्त्ताओं ने अध्ययन के दौरान पाया कि गोडावण की सर्वाधिक उपस्थिति घास के मैदानों में दर्ज की गई। यद्यपि क्षेत्रफल की दृष्टि से मात्र 28.4 प्रतिशत भूमि में घास के मैदान हैं, पर गोडावण की उपस्थिति की दृष्टि से इनका महत्त्व सर्वाधिक है, क्योंकि अध्ययन में 73.3 प्रतिशत गोडावण इसी क्षेत्र में देखे गये थे। महत्त्व की दृष्टि से दूसरा स्थान छितराई हुई झाड़ियों वाले मैदान का आता है, जो क्षेत्रफल की दृष्टि से 15.7 प्रतिशत के साथ तीसरे स्थान पर है, पर गोडावण की उपस्थिति की दृष्टि से 8.1 प्रतिशत के साथ दूसरे स्थान पर आता है। क्षेत्रफल में खुले मैदान का स्थान 27.9 प्रतिशत के साथ दूसरा है, पर यहां पर मात्र 6.8 प्रतिशत गोडावण देखे गये थे। इस आंकड़े पर गहराई से दृष्टि डालें तो पता चलता है कि घास के मैदान और खुले मैदान के क्षेत्रफल में बहुत अधिक अन्तर न होने के बाद भी गोडावण की उपस्थिति में 73.3% और 6.8% का अन्तर है। प्रोसोपिस जूलीफ्लोरा वाले क्षेत्र में 11.2 प्रतिशत गोडावण देखे गये थे, जब कि इसका क्षेत्रफल कुल क्षेत्रफल का केवल 10.1 प्रतिशत है।

इस अध्ययन से स्पष्ट हो जाता है कि गोडावण के संरक्षण के लिये घास के मैदान का महत्त्व सर्वाधिक है, और प्रोसोपिस जूलीफ्लोरा के मैदान व छितराई हुई झाड़ियों वाले मैदान का महत्त्व, इसी क्रम में है। खेतों में केवल 0.6ः गोडावणों के दर्शन हुये थे। विभिन्न प्रकार की घास (सिम्बोपोगोन, डायकेथियम, एरिस्टिडा और ग्लौसर्डिया) के समुदाय वाले मैदानों का क्षेत्रफल लगभग 282.6 वर्गकिलोमीटर था, जो कि गोडावण की दृष्टव्यता वाले कुल 996.4 वर्गकिलोमिटर क्षेत्र का एक–तिहाई से भी कम है, पर अध्ययन के समय इन्हीं मैदानों में गोडावण के 118 बार दर्शन हुए थे। जब कि प्रोसोपिस क्षेत्र में 18 बार, खुले मैदान में 11 बार, छितराये झाड़ीदार मैदान में 13 बार और खेत में केवल एक बार दर्शन हुए थे। जब मनपसंद आवास के ऋतुयी या मौसमी उपयोग का अध्ययन किया गया, तब पता चला कि ग्रीष्मकाल में घास के मैदान का उपयोग औसत से अधिक, अर्थात 82.1% होता है, यही स्थिति खुले मैदान की भी है (औसत 6.8% से अधिक 7.7%); जब कि शरद काल में छितराये झाड़ीदार मैदान का उपयोग औसत से बढ़ कर 16.1% हो जाता है, और वर्षाकाल में प्रोसोपिस वाले इलाके का उपयोग औसत से बढ़ कर 15.4% हो जाता है। शोधकर्त्ताओं के अनुसार गोडावण द्वारा प्रयुक्त आवास स्थल में मौसम के अनुसार कोई महत्त्वपूर्ण परिवर्तन नहीं था।

जब वैज्ञानिकों द्वारा प्रजनन काल के समय भू उपयोग का अध्ययन किया गया तो पता चला कि अप्रैल से अक्तूबर तक चलने वाले प्रणय–प्रदर्शन स्थल के लिये प्रायः नरों ने सिम्बोपोगौन और ग्लौसर्डिया घास के मैदान का चयन किया था। प्रदर्शन स्थलों पर घास की ऊँचाई 15 से 25 सेंटीमीटर थी। नीड़ निर्माण का समय अप्रैल से सितम्बर तक था, और अध्ययनकाल में कुल नौ नीड़ देखे गये, जो कि मुख्यतः सिम्बोपोगौन घास के बीच में स्थापित किये गये थे। पूरे अध्ययनकाल में गोडावण का सम्बन्ध, 90 प्रतिशत परिस्थितियों में सिम्बोपोगौन, ग्लौसर्डिया और डायकेथियम घास के एकल या मिश्रित मैदानों से था। अध्ययन के बाद शोधार्थियों ने पाया है कि गोडावण के संरक्षण के लिये उसके पसंदीदा प्राकृतिक आवास, अर्थात घास के मैदान और छितराई हुई झाड़ियों वाले मैदान की सुरक्षा भी आवश्यक है।

7. व्यवहार

गोडावण का सामूहिक व्यवहार

एक अध्ययन में गोडावण के पाँच प्रकार के समूह देखे गये थे; (अ) सभी नर समूह, (ब) सभी मादा समूह, (स) मिला–जुला समूह, (द) अकेला नर, (इ) अकेली मादा। इस अध्ययन में भोजन करते समय अचानक पास–पास आ जाने को समूह की श्रेणी में नहीं रखा गया था। समूह की श्रेणी में आने के लिये आवश्यक है कि उस समूह के सदस्य अधिकांश समय साथ–साथ रहते हों।

सभी मादा समूह

आमतौर पर नर और मादा गोडावण अपने–अपने समूह में ही रहते हैं। अत्यन्त दुर्लभ अवसरों पर इनके मिश्रित समूह देखे गये हैं। मिश्रित समूह में भी ये अपने–अपने उप–समूह बना लेते हैं। मिश्रित समूह प्रायः भोजन की प्रचुर

मात्रा में उपलब्धता की स्थिति में ही बनते हैं; जैसे कि कतिपय फसलों के पकने पर नर–मादा एकत्रित होकर एक साथ भोजन करते हैं। यूरोप में ग्रेट बस्टर्ड पर किये गये शोध में भी यही परिणाम सामने आया था। नर और मादा के मिश्रित समूह केवल शरदकाल में भोजन की प्रचुरता के समय देखे जाते हैं, जब अनेक समूह एक स्थान पर एकत्रित होकर बड़े झुंड का आभास देते हैं। भोजन की प्रचुरता के कारण इनके बीच किसी प्रकार का संघर्ष नहीं होता है और एक दूसरे के प्रति सहनशीलता बढ़ जाती है। वयस्क नर गोडावण अपने चयनित क्षेत्र की अतिक्रमण से रक्षा करते हैं, और प्रतिवर्ष प्रजनन के लिये उसी स्थान पर लौट कर आते हैं, इसलिये नरों के समूह प्रजनन काल आरम्भ होते ही बिखरने लगते हैं। नर गोडावण की गतिविधि काफी हद तक एक ही निश्चित स्थान या क्षेत्र तक सीमित रहती है, और यदि इन्हें अवसर मिले तो ये कई–कई महीनों तक एक ही क्षेत्र में घूमते रहते हैं।

मादा और अवयस्क

एक बार सौंखलिया (राजस्थान) में 22 मादा और चूजों को एक साथ–एक समूह में चने और सोहा के खेत में देखा गया था। रोल्लापाडु (आंध्र प्रदेश) में शोधकर्ता ने 24 नर गोडावणों का समूह एक साथ मूंगफली के खेत में देखा था। (यह आज से लगभग 30 वर्ष पहले के अध्ययन के दौरान देखी गई संख्या है, जब रोल्लापाडु में 75 गोडावण की उपस्थिति सिद्ध थी)। सर्वाधिक सामूहिक गतिविधि प्रजनन काल के पहले फरवरी के महीने में देखी जाती है, और जून के माह के आते–आते समूह बिखर जाते हैं। इस समय सभी वयस्क पक्षी प्रजनन की गतिविधि में व्यस्त हो जाते हैं। मार्च की समाप्ति तक वयस्क नर अपने समूह से अलग होकर, प्रजनन के लिये उपयुक्त अपने–अपने क्षेत्र की अन्य नरों से सुरक्षा करने में लग जाते हैं। कुछ समय बाद मादायें भी

अपने समूह से अलग हो जाती हैं। इस समय केवल अवयस्क मादायें और अवयस्क नर साथ–साथ रहते हैं। प्रजनन काल में वयस्क नर अपने क्षेत्र में केवल मादाओं और अवयस्क नरों को ही आने देते हैं। इस अवधि में केवल दुर्लभ अवसरों पर मादा नर या मादा चूजे/अवयस्क के साथ सामूहिक रूप में दिखाई दे जाती है। नानज क्षेत्र में किये गये अध्ययन में वयस्क नर गोडावण के समूह में सर्वाधिक संख्या मात्र दो पाई गई, लेकिन भारी वर्षा के दिन इनको मादाओं की तरह बड़ी संख्या (7) के समूह में इकट्ठे देखा या है। अध्ययन में पाया गया है कि समूह में नरों की औसत संख्या मादा समूहों के सदस्यों की संख्या के मुकाबले कम होती है।

इस अध्ययन के पूर्व माना जाता था कि गोडावण जोड़े में या 5–6 के समूह में रहते हैं, और दुर्लभ अवसरों पर 25 से 30 तक के झुंड में भी दिख जाते हैं। गोडावण को नर–मादा के जोड़े में देखा जाना भ्रामक है, क्योंकि ये सारस, चकवा–चकवी, मैना, बुलबुल आदि की तरह जोड़े नहीं बनाते हैं। प्रजनन काल के बाद मादायें 2–10 के समूह में एक साथ रहती और भ्रमण करती हैं। करैरा के अध्ययन में पाया गया कि इनकी बहु–पत्नी प्रवृत्ति के कारण इनका जोड़े में दिखना तर्कसम्मत नहीं है। जोड़े का भ्रम तब हो जाना संभव है, जब कोई अवयस्क नर अपनी मां के साथ घूम रहा हो। देखा गया है कि कई बार अवयस्क नर अपनी मां से आकार में बड़े हो जाते हैं, पर वे मां का साथ नहीं छोड़ते हैं। इसी प्रकार अनेक अवसरों पर अवयस्क मादा को अपनी मां के साथ आगामी प्रजनन काल तक भी देखा गया है। नानज में एक अवयस्क मादा को अपनी अंडे सेती हुई मां के साथ घोंसले के पास बैठे हुए देखा गया था। बीच–बीच में जब मां भोजन के लिये उठती, तो वह अवयस्क पुत्री को भी भोजन कराती देखी जाती थी। ऐसा प्रतीत होता है कि जन्म के बाद चूजे लगभग एक वर्ष तक मां के साथ रहते हैं।

गोडावण का वार्षिक संचलन

यह एक जाना–माना तथ्य है कि शुष्क क्षेत्रों में रहने वाले जीव–जन्तुओं का वार्षिक संचलन वर्षा पर निर्भर करता है। वर्षा के कारण उत्पन्न होने वाली वनस्पतियों और कीड़े–मकोड़ों की संख्या पर इनका किसी क्षेत्र विशेष में रहना निर्भर करता है। गोडावण भी शुष्क झाड़ी युक्त घास के मैदानों और खेतों के सीमान्त क्षेत्र का निवासी है, अतः यह अपने वितरण क्षेत्र में स्थानीय है, या फिर

यायावर – जो भोजन की उपलब्धता की दृष्टि से घूमता रहता है। महाराष्ट्र के नानज क्षेत्र में किये गये चार वर्ष के शोध में इसी तथ्य की सत्यता पुनः एक बार सिद्ध हुई थी। सन 1981 से 1984 के वर्षों में जून, जुलाई, अगस्त, सितम्बर और अक्तूबर के महीनों में गोडावण इस क्षेत्र में निवास करते हैं। प्रायः जून में होने वाली मानसून–पूर्व की बरसात के समय इनका इस क्षेत्र में आना आरम्भ हो जाता है, और इनकी आबादी जुलाई–अगस्त और सितम्बर–अक्तूबर में चरम पर पहुंच जाती है। दिसम्बर के आते–आते ये यहां से प्रस्थान करने लगते हैं। अध्ययन के दौरान सन 1982 में अप्रैल व मई में अच्छी बरसात हो गई थी, अतः उस वर्ष अप्रैल में ही गोडावण नानज क्षेत्र में आ गये थे। इसी प्रकार 1984 के फरवरी और अप्रैल माह में हलकी वर्षा होने के कारण गोडावण यहां पर देखे जाने लगे थे, पर फिर ये इस स्थान को छोड़ कर चले गये और पुनः जुलाई में ही वापस आये। इस अध्ययन के शोधकर्ताओं; रहमानी और मनकदन ने पुराने सन्दर्भ देते हुए लिखा है कि जेर्डन (1884), डेविडसन और वेन्डन (1878), ह्यूम और मार्शल (1880), फ्रेजर (1881) और बेकर (1929) ने दक्षिणी पठार, सिरसा (हरियाणा), मालेगांव (महाराष्ट्र) का हवाला देते हुए गोडावण के वर्षाकाल में बड़ी संख्या में एक स्थान पर एकत्रित होने का जिक्र किया है। यही तथ्य उनके शोध में भी सिद्ध हुआ था। इसी प्रकार का मौसमी संचलन आस्ट्रेलियाई बस्टर्ड में भी देखा गया है।

किसी क्षेत्र की वर्षा, उस क्षेत्र में उपलब्ध वनस्पति और कीड़ों की आबादी निश्चित करती है। इसलिये गोडावण की यायावर प्रवृत्ति उसके पर्यावास में भोजन की सतत उपलब्धता न होने के कारण विकसित हुई होगी। गोडावण का प्रजनन काल चूंकि वर्षा ऋतु के समय से मेल खाता है, इसलिये ऐसे अनेक स्थान हैं, जहां पर ये केवल प्रजनन काल में जाते हैं और वह भी विशेषकर उन वर्षों में जिनमें अच्छी बरसात हुई हो।

समूह और सामूहिक भोजन के लाभ

समूह के प्रत्येक सदस्य को एक साथ रहने का लाभ मिलता है। प्रत्येक सदस्य का आत्मरक्षा पर खर्च होने वाला समय बच जाता है, और एक के स्थान पर अनेक आंखें खतरे को भांपने के लिये तैयार रहती हैं। समूह में से एक को निशाना बनाना शिकारी के लिये कठिन होता है, इसलिये अधिकांश शिकारी पशु–पक्षी समूह में से एक सदस्य को अलग–थलग कर के शिकार

बनाते हैं। समूह में भोज्य पदार्थ को ढूंढ़ने और उसके मिल जाने की संभावनायें बढ़ जाती हैं। यह भी एक पक्षी के स्थान पर अनेक पक्षियों की खोजी आंखों के कारण होता है। इसी प्रकार कीड़े, सर्प, गिरगिट, छिपकली आदि का शिकार करना आसान हो जाता है, क्योंकि भागता हुआ शिकार समूह के किसी न किसी सदस्य के हाथ तो लग ही जाता है। गोडावण पर किये गये शोध में इस बात के प्रमाण नहीं मिले हैं। अध्ययन में पाया गया कि समूह के सदस्यों की चुगन–दर में कोई महत्त्वपूर्ण परिवर्तन नहीं आता है, जिससे लगता है कि झुंड में होने के बाद भी ये अन्य जीवों की तरह सामूहिक रूप से लाभ नहीं उठाते हैं। अन्य शोधकर्ताओं ने इसके विपरीत समूह बनाने और सामूहिक रूप से भोजन करने से होने वाले लाभ को प्रदर्शित किया है।

भोजन और भोज सम्बन्धी व्यवहार

गोडावण के भोजन और भोज्य पदार्थों के अध्ययन और शोध में निम्न तथ्य सामने आये हैं –

गोडावण द्वारा खाये जाने वाले प्रमुख खाद्य और अखाद्य पदार्थ :

अखाद्य :– कंकड़–पत्थर और धातु के चमकीले टुकड़े

खाद्य :– वनस्पति – चना, बेर, कैर, पीलू, सिट्रोनेला या लेमन घास, फसली पौधों की कोमल कोंपलें, गेहूँ, ज्वार और बाजरा आदि की पत्तियां, डालियां, फल और बीज; विशेषकर इन फसलों के – सरसों, तारामीरा, जंगली भिंडी, चिकटी, अलसी, मूंगफली, चवला, खरबूज, तिल इत्यादि

अकशेरुकी जीव - भृंग (मुख्यतः ब्लिस्टर भृंग या बीटल), वीभिल (कोलिओप्टेरा), टिड्डा, झींगुर (औथोप्टेरा), तितली, शलभ, पतंगा (लेपिडोप्टेरा), सिकाडा, एफिड, लीफ हौपर (हेमीप्टेरा), मेन्टिस का कोया, बिच्छू, गिलाई, कनखजूरा, मकड़ी, कृमि और घोंघा

उभयचारी - मेंढक

सरीसृप - सर्प, छिपकली, सांढा

पक्षी - बटेर और लार्क के अंडे, एक बार जीवित गौरैया

स्तनपायी - चूहा

ग्रीष्म ऋतु में गिरगिट, ब्राह्मणी, सरगोटा (फैन–थ्रोटेड लिजार्ड), माल छिपकली (लौडेकिया माइनर), जेर्डन्स स्नेकआई आसानी से गोडावण के

शिकार बन जाते हैं। मई और जून के महीने में वनस्पतियों की कमी होने के कारण गोडावण का प्रमुख भोजन सरीसृप और टिड्डे व झींगुर आदि ओर्थोप्टेरन कीड़े होते हैं। शरद ऋतु के समय कीड़ों और सरीसृपों की संख्या कम हो जाती है, पर इस समय खरीफ की फसल पकने लगती है, और रबी की बुवाई होती है, इसलिये खेतों में पर्याप्त भोजन उपलब्ध होता है। इसी समय बेरों की झाड़ियों पर बेर पकने लगते हैं। अक्तूबर के बाद से गोडावण के भोजन में कीड़ों का प्रतिशत घट कर 13% और बेर का प्रतिशत बढ़ कर करीब 65% से 68% हो जाता है। नवम्बर से गोडावण का रुख सोहा और मूंगफली के खेतों की ओर होने लगता है। एक अध्ययन में पाया गया कि दिसम्बर और जनवरी में भी बेर ही इनके भोजन का प्रमुख अंग (50–51%) होते हैं। फरवरी से इनके भोजन में बेर का प्रतिशत घटने लगता है और रबी की फसलों, जैसे कि चना और तारामीरा का प्रतिशत बढ़ जाता है। सर्व भक्षी होने के कारण गोडावण को भोजन प्राप्त करने में कठिनाई नहीं होती है, और ये समयानुसार अपना प्रिय भोजन बदल लेते हैं। पश्चिमी राजस्थान में अगस्त के महीने में एक गोडावण के पेट में मुख्य रूप से सांढा या स्पाइनी–टेल्ड लिजार्ड और ब्लिस्टर और अन्य भृंग या बीटल के अंश मिले थे। गर्मी के मौसम में नानज (सोलापुर) में इन्हें मुख्य रूप से सिकाडा और करीर (कैप्पेरिस) की पत्तियों को खाते हुए देखा गया था।

गोडावण गेहूं से अधिक ज्वार की बालियों को खाना पसंद करते हैं। इन्हें गेहूं की बाली की अपेक्षा फसल की कटाई के बाद के खेत में गिरे हुए गेहूं के दाने खाना अधिक पसंद है। कच्चे मार्ग पर बैलगाड़ी से गिरे हुए गेहूं के दाने चुगने के लिये गोडावण को आतुर पाया जाता है। मूंगफली के खेत में इनकी उपस्थिति बड़ी संख्या में दर्ज की जाती है। सिंचाई के बाद जमीन से बाहर निकल आई और खुदाई हो जाने के बाद खेत में पड़ी हुई मूंगफली और उसके दाने खाने के लिये इनके झुंड एकत्रित हो जाते हैं। सोहा से मिलता–जुलता होने के बाद भी सरसों इनका पसंदीदा भोजन नहीं है। कुछ अवसरों पर इनको सरसों के कोमल पत्ते खाते हुए देखा गया है। लोबिया की फलियां और अलसी के बीज इनके भोजन में कम मात्रा में सम्मिलित हैं। चना इनकी पसंदीदा फसल है। ये चने की पत्तियां, फूल, फली और दाने खाते हैं। सोहा के फूल, पत्तियां और कोंपलें ये बड़े चाव से खाते हैं। कचेरी (कुकुमिस प्रजाति) के गूदेदार फलों को ये पूरा का पूरा निगल जाते हैं।

भोजन करते समय व्यवहार

संधिपाद वर्ग के सिकाडा का शिकार करते समय - महाराष्ट्र में किये गये एक अध्ययन में गोडावण को झाड़ियों और वृक्षों की छाल से चिपके हुए सिकाडा को साभिप्राय तलाशते और शिकार बनाते हुए देखा गया है। ये बैठे हुए सिकाडा को ध्यान केन्द्रित करके और उड़ते हुए सिकाडा को झपट कर पकड़ते हैं। तने या डाली पर चार से पाँच फुट ऊपर तक बैठे हुए सिकाडा को अपनी गर्दन और शरीर को समानान्तर लम्बा करके पकड़ लेते हैं।

वनस्पतियों को खाते समय - करीर या पाचुंदा (मराठी) या कैप्पेरिस की पत्तियों को खाना इन्हें बहुत पसंद है। एक मादा गोडावण ने पाँच मिनट के समय में 115 बार अपनी चोंच से काट–काट कर कैप्पेरिस की पत्तियों का भोजन किया। अधिकांश पत्तियां आधी और कुछ पत्तियां डंठल के पास से तोड़ी गई थीं। कैप्पेरिस प्रजाति के पौधे की पत्तियां और फल आस्ट्रेलियाई बस्टर्ड (आस्ट्रेलियाई गोडावण) और तिल्लोर या हौबारा बस्टर्ड को भी बहुत पसंद हैं।

प्रजनन काल में बस्टर्ड की पसंद ब्लिस्टर बीटल क्यों?

ग्रेट बस्टर्ड तथा अन्य बहुपत्नीत्व नियम का पालन करने वाले नर बस्टर्ड पक्षियों में प्रजनन काल के समय ब्लिस्टर बीटल या फफोला भृंग को खाने में विशेष रुचि दिखाई देती है। ग्रेट बस्टर्ड पर किये गये अध्ययन द्वारा, इसके कारण ढूंढ़ने का प्रयास किया गया है। जब हम गोडावण के भोजन में सम्मिलित भोज्य पदार्थों का अध्ययन करने वाले शोधार्थियों के शोधपत्रों को देखते हैं तो पता चलता है कि गोडावण में भी ब्लिस्टर बीटल को खाने के प्रति अधिक रुचि देखने को मिलती है। पाया गया है कि यह विशेष रुचि नर पक्षियों में मादा से अधिक होती है। यहां ध्यान देने योग्य बात यह है कि ब्लिस्टर बीटल आत्मरक्षा के लिये कैंथराइडीन (*Cantheridin*) नामक रसायन का उपयोग करते हैं। यह एक जहरीला रसायन है, जिसके कारण अधिकांश शिकारी प्राणी ब्लिस्टर बीटल को खाना पसंद नहीं करते हैं, पर कुछ जातियों के मेंढक इनको खाते हैं। इन मेंढकों में इस रसायन के दुष्प्रभाव से प्रतिरक्षा की क्षमता होती है, और वे इस विषैले रसायन को अपने शरीर में एकत्रित करके स्वयं को विषैला बना कर आत्मरक्षा करते हैं। कैंथराइडीन नामक रसायन की थोड़ी मात्रा भी घातक होती है। इसके सम्पर्क में आने पर मनुष्य के शरीर पर फफोले पड़ जाते हैं, लेकिन इसके साथ–साथ इस रसायन में जीवाणु और कृमि नाशक गुण भी होते हैं।

बस्टर्ड कुल की मादायें भी इस भृंग को खाती हैं, पर नर इनको विशेष रुचि से ढूंढ़–ढूंढ़ कर खाते हैं। गोडावण के संदर्भ में भी यह बात सही बैठती है, क्योंकि इनका प्रजनन काल और ब्लिस्टर बीटल की बहुतायत का समय वर्षाकाल ही होता है। ग्रेट बस्टर्ड पर स्पेन में किये गये अध्ययन में कैरोलिना ब्रावो और साथियों (2014) ने पाया कि इनके प्रणय–प्रदर्शन में गर्दन फुलाने, पंख छितराने, पूंछ के पंखों को पीठ पर चिपका लेने के साथ गोल–गोल घूम कर मादाओं की ओर गुदा प्रदर्शन करने का भी महत्त्व है। जैसा कि सर्व विदित है कि पेट के कृमि और जीवाणु रोग, प्राणी के स्वास्थ्य पर विशेषकर वजन, बाल या पंखों की चमक और सामान्य गतिविधि पर बुरा प्रभाव डालते हैं। प्रजनन काल में बस्टर्ड अपने सर्वश्रेष्ठ रूप में दिखना चाहते हैं, जिसके लिये आवश्यक है कि उनके पंख उज्ज्वल और चमकदार हों, शरीर पुष्ट और स्वस्थ हो और पक्षी हर दम सतर्क रहे। इसलिये कैंथराइडीन जैसे प्राकृतिक कृमि और जीवाणु नाशक के भक्षण के अनेक लाभ हो सकते हैं। पेट के रोग न होने पर गुदा द्वार साफ रहेगा, प्रजनन काल के पूर्व आने वाले शारीरिक परिवर्तन सुचारु और आकर्षक होंगे, जिसका लाभ स्वस्थ नर को दूसरे नरों पर मिलेगा। अतः प्रतीत होता है कि भोजन के रूप में ब्लिस्टर बीटल का चुनाव एक सोची–समझी प्रक्रिया है, जो प्रजनन में सफलता के लिये आवश्यक है।

धूल–स्नान (Dust Bath)

हिपार्गी और साथियों ने अपने शोध में पाया कि धूल–स्नान और आराम करने के स्थान के लिये गोडावण खेत या खेतों के समीप की महीन धूल वाली भूमि अधिक पसंद करते हैं। शारीरिक धूल–स्नान करने और गर्दन के पंखों को धूल से नहलाने के लिये गोडावण खेतों के समीप की महीन धूल को पसंद करते हैं, जो कि गाड़ियों के सतत चलते रहने या मवेशियों के आवागमन के कारण पगडंडियों पर महीन हो जाती है। धूल–स्नान आरम्भ करने से पहले गोडावण अपने टखनों पर बैठ जाते हैं, और पंखों को फुला कर अपने ऊपर धूल उड़ाते हैं। यह प्रक्रिया उनके द्वारा उड़ाई गई धूल, पंखों और पंजों के छोड़े गये निशानों को देख कर आसानी से समझी जा सकती है। गर्दन के पंखों को धूल से नहलाने के लिये गोडावण अपनी गर्दन को धूल के ऊपर लम्बवत लिटा देते हैं, और फिर उसे धूल में रगड़ते हैं।

धूल स्नान

इसी अध्ययन के दौरान धूल में बने हुए गोडावण के पंजों के निशान के आधार पर शोधकर्ताओं ने निष्कर्ष निकाला कि मादा गोडावण ग्रीष्म काल में लगभग सारा दिन इस क्षेत्र में भोजन की तलाश में घूमती रहती थी और पानी पीने के लिये भी दिन में कम से कम दो बार तो अवश्य ही आती थी। उसके भोजन में सिकाडा और कैप्पेरिस की पत्तियों की प्रमुखता थी।

पानी पीने का तरीका

गोडावण पानी को चोंच से चूस कर पीते हैं। गर्मी के मौसम में इन्हें पानी पीने की अधिक आवश्यकता होती है, अतः प्रातःकाल का भोजन करने के बाद इन्हें पानी के स्रोत की ओर सीधे, बिना रुके जाते हुए देखा गया है। प्रायः तो जलस्रोत तक ये चल कर ही जाते हैं, पर जलस्रोत से दूरी अधिक होने पर उड़ कर जाते हुए भी देखा गया है। पानी के स्रोत से कुछ पहले भूमि पर उतर कर चलते हुए वहां तक जाते हैं। पानी के समीप पहुंचने के बाद ये अधिक सजग हो जाते हैं और कुछ समय तक अपने आस–पास के वातावरण का जायजा लेते हैं। अपनी सुरक्षा के प्रति आश्वस्त हो जाने के बाद ये वह सूखा स्थान चुनते हैं, जहां पर बैठ कर पानी पिया जा सके। पानी पीते समय गोडावण अपने टखने (टार्सोमेटाटार्सी Tarso Metatarsi) को भूमि पर टिका कर बैठ जाते हैं, और फिर एक बार अपने चारों ओर देख कर सुरक्षा सुनिश्चित कर लेने के बाद ही पानी पीना आरम्भ करते हैं। चोंच को पानी में डुबो कर, स्पंदन प्रक्रिया (पम्पिंग एक्शन) द्वारा पानी चूसते हैं। समुचित पानी चूस लेने के बाद गर्दन को ऊंचा उठा कर पानी को पी लेते हैं। पानी पीने की गतिविधि पूरी होने से पहले यह प्रक्रिया कई बार दोहराई जाती है। हर बार पानी चूसने की प्रक्रिया के बीच, पानी पीने के लिये गर्दन उठाते समय अपनी सुरक्षा का

जायजा भी ले लेते हैं। पानी पी लेने के बाद, उठ कर सीधे छायादार झाड़ी या पेड़ की शरण में चल देते हैं। पानी पी लेने के बाद इन्हें भोजन करते हुए नहीं देखा गया है।

पानी पीने का तरीका

इनके अतिरिक्त, अन्य बस्टर्ड प्रजातियों में केवल कोरी बस्टर्ड को खड़े होकर पानी पीते हुए देखा गया है। सभी बस्टर्ड पानी को चूस कर पीते हैं।

भोजन चुगने की दर (Pecking Rate)

भोजन के उद्देश्य से पक्षी द्वारा चोंच को भूमि, पेड़ के तने, पत्तियों या किसी अन्य भोजन स्थल पर मारने को उस पक्षी की भोजन चुगने की दर (अंग्रेजी में इसे पेक–रेट कहते हैं, और हिंदी में हम इसे चुगन–दर कहेंगे) कहते हैं। पक्षियों द्वारा भोजन चुगने की दर भोजन प्राप्ति की संभावना, संकट के प्रति सजगता, पोषण और उसकी सामाजिक स्थिति पर निर्भर करती है। चुगन–दर के अध्ययन के द्वारा वैज्ञानिक प्रजाति विशेष की सामाजिक व्यवस्था, प्राकृतिक आवास में भोजन और पोषक पदार्थों की उपलब्धता, प्रजाति के संरक्षण के उपाय आदि विषयों पर अपनी राय बना सकते हैं।

नर/मादा - नर व मादा गोडावण की भोजन चुगन–दर में अन्तर पाया जाता है। नर की चुगन–दर मादा से अधिक होती है। एल्फा या प्रमुख नर (12.11) और दोयम दर्जे के नर (11.89) व अवयस्क नरों की चुगन–दर में कोई विशेष अंतर नहीं पाया गया है। इसी प्रकार मादा और उसके साथ घूमने वाले चूजों और अवयस्कों की चुगन–दर में भी विशेष अंतर नहीं होता है, बल्कि देखा गया है कि चूजे के साथ रहने पर मादा की चुगन–दर वयस्क नर के बराबर (लगभग 12.44) हो जाती है। इसका कारण चूजे के लिये उदाहरण प्रस्तुत करना और उसे भोज्य पदार्थ देना हो सकता है। अंडे पर बैठी हुई मादा की चुगन–दर सबसे कम (6.69) होती है, क्योंकि यह बहुत कम समय के लिये अपना घोंसला छोड़ कर जाती है। झुंड में होने पर भी इनकी चुगन–दर में कोई अंतर नहीं आता है, क्योंकि झुंड में होने पर भी प्रत्येक पक्षी व्यक्तिगत तौर पर ही भोजन ढूंढ़ता है। भोजन करते समय इनमें किसी प्रकार का सहयोग नहीं देखा गया है।

पर्यावास के अनुसार चुगन-दर - चने और सोहा के खेत में चुगन–दर सर्वाधिक होती है, जिसका मुख्य कारण है, इन पौधों की ऊँचाई कम होना और दानेदार बहुत से पौधों का पास–पास होना। चने के खेत में गोडावण की औसत चुगन–दर 67.40 प्रति पाँच मिनट, सोहा में 46.48 प्रति पाँच मिनट होती है। पर यही दर उन सभी स्थानों में जहां भोजन की मात्रा अपर्याप्त होती है या जहां खोजने में अधिक समय लगता है, वहां 15 से भी कम हो जाती है। मूंगफली के खेत में चुगन–दर 15.33, घास के मैदान में 13.91, खुली झाड़ियों में 12.09, खाली खेत में 10.87 और ऊसर भूमि में केवल 3.87 पाई गई है।

समयानुसार चुगन-दर - गोडावण की चुगन–दर दिन के पहले और अन्तिम पहर में सर्वाधिक होती है। रात होने से पहले चुगन–दर सबसे अधिक होने का कारण रात्रि के लगभग 10–12 घंटों में भोजन न कर पाना और सायंकाल में भोजन–क्षेत्र का ग्रामीणों और मवेशियों की उपस्थिति से अबाधित रहना हो सकता है। इस समय वे बिना किसी विघ्न के तेजी से भोजन कर सकते हैं। शाम का धुंधलका छा जाने पर इनकी चुगन–दर एकदम से कम हो जाती है, क्योंकि अधिकांश पक्षी अपने सुरक्षित रात्रि–विश्राम स्थल की तलाश में जुट जाते हैं और उनका ध्यान भोजन से अधिक अपनी सुरक्षा पर रहता है।

ग्रीष्म ऋतु में न्यूनतम चुगन-दर दोपहर के समय में रहती है, जब दिन का तापमान 48° सेंटीग्रेड तक पहुंच जाता है। शरद ऋतु में या वर्षाकाल में

बादल घिरे होने पर, यदा कदा दोपहर में भोजन तलाशते गोडावण दिख जाते हैं। करेरा गोडावण अभयारण्य के त्रिवर्षीय (1982–1984) अध्ययन के अनुसार भोजन के लिये चोंच मारने की (सभी ऋतुओं की) वार्षिक औसत संख्या प्रातः 5 से 9 बजे तक प्रति पाँच मिनट में 12 से 15 बार होती है, जो दोपहर में गिर कर केवल 5 रह जाती है। अपरान्ह तीन बजे से छः बजे तक यह दर बढ़ कर 13 से 27 बार तक हो जाती है, जो अपने उच्चतम स्तर पर सायं पाँच बजे रहती है।

8. गोडावण का अन्तर-जातीय प्राणियों के साथ व्यवहार

(INTERSPECIFIC BEHAVIOUR)

भारतीय प्रायद्वीप के खुले घास और झाड़ियों वाले मैदानी क्षेत्रों और अर्ध–मरुस्थलीय भूभाग का निवासी होने के कारण गोडावण का वहां निवास करने वाले अन्य पशु–पक्षियों के साथ सम्पर्क होता है, और उनके बीच का आपसी व्यवहार वैज्ञानिकों के लिये उत्सुकता का विषय है। इन क्षेत्रों में अनेक पशु–पक्षी प्रजातियाँ निवास करती हैं, जिनमें कृष्ण मृग एन्टीलोप सर्विकैप्रा, लोमड़ी वल्पेस बेंगालेंसिस, सफेद–आँख बजार्ड बतास्तुर टीसा, नीलकंठ कोरेसियस बेंगालेंसिस, भुजंगा डायक्रुरिस एड्सिमिलिस, आदि प्रमुख हैं। कुछ प्रजातियों के प्राणियों के प्रति इसका व्यवहार उदासीन, कुछ से विरोध पूर्ण और कुछ के प्रति यह भय पूर्ण भाव प्रदर्शित करता है। जिन प्राणियों के प्रति गोडावण भय या विरोध के भाव प्रदर्शित करता है, उन्हें 'असहयोगी' और जिनके प्रति इसका व्यवहार उदासीन या निष्पक्ष रहता है या जो इसके साथ घूमते हैं, उन्हें 'सहयोगी' माना जाता है। लोमड़ी, कौवा, गिद्ध, चील और पालतू मवेशी 'असहयोगी' और भुजंगा, नीलकंठ और सफेद–आँख बजार्ड आदि 'सहयोगी' प्रजातियां हैं। 'सहयोगी' प्रजाति के पशु–पक्षियों के आस–पास रहने या एकदम पास आ जाने पर भी गोडावण का व्यवहार मित्रवत रहता है। मोटे तौर पर देखा जाये तो गोडावण की उपस्थिति या उसके चलने–फिरने से जिन प्राणियों को लाभ होता है, वे उसके सहयोगी हैं, और अधिकांश सहयोगी प्राणी गोडावण के आचरण के कारण भोजन प्राप्त करते हैं। सहयोगी प्राणियों से गोडावण को किसी भी प्रकार का लाभ होता हो, ऐसा नहीं पाया गया है। असहयोगी या भय–उत्पन्न करने वाले प्राणियों से गोडावण के डरने का मुख्य

कारण अंडों और चूजों की सुरक्षा है। वयस्क गोडावण को प्रायः किसी शिकारी पशु या पक्षी से डर नहीं लगता है।

पक्षी – असहयोगी प्रजातियां

1. **गिद्ध** – अध्ययन में पाया गया है कि सफेद गिद्ध नियोफ्रौन पर्कनोप्टेरिस की उपस्थिति में गोडावण सर्वाधिक भयग्रस्त हो जाता है; विशेष तौर पर अंडे सेती हुई मादा इनसे अत्यधिक डरती है। देखा गया है कि घोंसले पर बैठी हुई मादा के ऊपर से यदि सफेद गिद्ध उड़ कर भी जाता है, तो वह अपनी गर्दन झुका कर भूमि पर समानान्तर लेट सी जाती है। गिद्ध के दृष्टि से ओझल होने के बाद भी उसे सामान्य होने में पाँच मिनट तक लग जाते हैं। इसी प्रकार सफेद गिद्ध के पास आ जाने पर यह किसी झाड़ी या चट्टान के पीछे छुपने का प्रयास करते हैं, और तब तक अपने सुरक्षित स्थान से बाहर नहीं आते, जब तक खतरा टल नहीं जाता है। गिद्ध की अन्य प्रजातियों से ये इतना अधिक नहीं डरते हैं। राजगिद्ध सार्कोजिप्स काल्वस और सफेद–पृष्ठ गिद्ध जिप्स बेंगालेंसिस के समीप होने पर मादा चेतावनी के चिन्ह तो दिखाती है, पर यह चेतावनी क्षणिक होती है, क्योंकि कुछ ही देर में वह अपनी सामान्य गतिविधि पुनः आरम्भ कर देती है। इन गिद्धों के आस–पास रहने पर भी वह घोंसला छोड़ कर कुछ दूर चले जाने में नहीं हिचकती है। उनकी उपस्थिति में मादा इतना ध्यान अवश्य रखती है कि वह लौटते समय सीधे घोंसले के पास नहीं आती है, वरन 500–600 मीटर की दूरी से धीरे–धीरे अपने घोंसले की तरफ बढ़ती है। घोंसले पर बैठी मादा इन गिद्धों के आस–पास उड़ते रहने से कतई नहीं डरती है, केवल उनकी गतिविधि पर पैनी निगाह रखती है। नर गोडावण पर इनकी उपस्थिति का कोई प्रभाव नहीं देखा गया है। सफेद गिद्ध की अंडे चुराने और फोड़ कर खाने की जानी–मानी आदत के कारण हो सकता है कि मादा गोडावण को उसकी उपस्थिति में अपने अंडों की सुरक्षा खतरे में लगती हो। राजगिद्ध और सफेद–पृष्ठ गिद्ध इनके लिये किसी भी प्रकार का खतरा पैदा नहीं करते हैं, क्योंकि न तो वे अंडे चुराते हैं और न ही चूजों को हानि पहुंचाते हैं।

2. **बाज, चील, फाल्कन और हैरियर** – अवयस्क और मादा गोडावण बड़ी चील प्रजातियों से डरते है, और उनके अचानक अपने क्षेत्र में आ जाने पर या तो अपने स्थान से उड़ कर दूर चले जाते हैं या उनकी ओर भयभीत दृष्टि से देखते रहते हैं। एक अन्य अवसर पर अवयस्क नर और मादा गोडावण को इसी प्रकार चील से डर कर अपना स्थान बदलते देखा गया है। वयस्क नर प्रायः अपने क्षेत्र को नहीं छोड़ते हैं, और न ही किसी प्रकार के भय का प्रदर्शन करते हैं। घोंसले पर बैठी हुई मादा बाज की उपस्थिति में घंटों तक एक ही प्रकार की स्थिर भंगिमा में बैठी रहती है और अपने सामान्य समय पर भोजन के लिये भी नहीं उठती है। नर गोडावण को कई बार अपने शासित क्षेत्र से बाज को भगाने का प्रयास करते हुए भी देखा गया है।

   मादा गोडावण के लिये बड़ी चीलें खतरनाक हो सकती हैं। ऐसा अन्य 'बस्टर्ड' प्रजातियों के अध्ययन में देखा गया है। एक अध्ययन के दौरान 'कोरी बस्टर्ड' के मृत शरीर पर 'मार्सियल ईगल' को देखा गया था, और देख कर लगता था कि उसे ईगल ने ही मारा है। समीप ही एक और भयाक्रान्त 'कोरी बस्टर्ड' झाड़ियों में छुपा हुआ था। फाल्कन प्रजाति के शिकारी पक्षियों से गोडावण को किसी प्रकार का खतरा नहीं होता है। पेरेग्रीन फाल्कन की सहायता से गोडावण का शिकार करने का विफल प्रयास किया गया है। 'फाल्कनरी' में फाल्कन प्रायः 'हौबारा बस्टर्ड' या तिल्लोर के शिकार के लिये उपयोग किये जाते हैं। हैरियर श्रेणी के शिकारी पक्षी और गोडावण प्रायः एक ही प्रकार के पर्यावास में रहते हैं, पर इनके बीच किसी प्रकार का विरोध नहीं देखा गया है। अधिकतर गोडावण हैरियर की उपस्थिति के प्रति उदासीन रहते हैं, पर एकाध बार उन्हें पूंछ को आधा उठा कर 'धमकी–प्रदर्शन' (थ्रेट डिस्प्ले) करते देखा गया है।

3. **उल्लू** – सामान्यतौर पर उल्लुओं और गोडावण की गतिविधि का समय भिन्न है, पर दुर्लभ अवसरों पर इनका आमना–सामना हो जाता है। वयस्क नर गोडावण और घुग्घू या इंडियन ईगल आउल बूबो बेंगालेंसिस के बीच एक मुठभेड़ देखी गई थी। सुबह के धुंधलके में घुग्घू को एक पत्थरों की दीवार पर बैठे देख कर नर गोडावण पूंछ के पंखों को फैला कर विरोध प्रकट कर रहा था और जोर–जोर से आवाज

कर रहा था। गोडावण के इस विरोध प्रदर्शन को देख कर घुग्घू भी आवाज निकालने लगा। कुछ समय पश्चात गोडावण उड़ गया और कुछ दूरी पर जाकर घूमने लगा, पर घुग्घू ने भी उसका पीछा नहीं छोड़ा। वह भी पीछे–पीछे उसी स्थान पर पहुंच गया; इस व्यवधान से उत्तेजित होकर गोडावण पुनः विरोध प्रदर्शन करने लगा। यह मुठभेड़ तभी समाप्त हुई, जब उजाला बढ़ जाने के कारण घुग्घू अपने सुरक्षित आवास पर जाने के लिये मजबूर हो गया। एक बार रेरुआ या शौर्ट इयर्ड आउल एसिओ फ्लेमियस और तीन अवयस्क व दो मादा गोडावणों के बीच आमना–सामना हो गया था। रेरुआ की उपस्थिति से गोडावण के व्यवहार में कोई परिवर्तन नहीं देखा गया था, और न ही उन्होंने किसी प्रकार का भय प्रकट किया था।

4. **टिटहरी** - दोनों ही प्रकार की टिटहरी (जर्दी या यलो–वैटल्ड लैपविंग और टिटहरी या रेड– वैटल्ड लैपविंग) अपने अंडों की सुरक्षा के प्रति बहुत अधिक चैतन्य रहते हैं। अंडों की सुरक्षा को खतरे में देख कर ये पक्षी अपने घोंसले के पास आने वाले अनधिकृत प्राणी पर हवाई हमला कर देते हैं। टिटहरी को अपने घोंसले के पास घूमने वाले गोडावण पर आक्रमण करते हुए देखा गया है, पर गोडावण इनके आक्रमण की चिन्ता किये बिना सामान्यरूप से घूमते रहते हैं। अध्ययन में पाया गया है कि गोडावण भूमि पर घोंसला बनाने वाली पक्षी प्रजातियों; जैसे कि बटेर के अंडे खा लेते हैं। टिटहरी की उत्तेजना का कारण यही हो सकता है।
5. **सारस व अन्य क्रेन** - सारस और कुरजां (डेमोइजल क्रेन) प्रायः खेतों में भोजन हेतु उतरते हैं। जिन खेतों में फसल काटी जा चुकी है, वहां गोडावण भी अपना भोजन तलाशना पसंद करते हैं। सारस और गोडावण, दोनों ही गेहूँ के गिरे हुए दाने, छोटे सरीसृप और कीड़े–मकोड़े खाने के लिये साथ–साथ खेतों में घूमते देखे जाते हैं। इन दोनों के बीच किसी भी प्रकार का विरोधाभास नहीं देखा गया है। चूंकि कुरजां बड़े–बड़े झुंड में रहते हैं, और एक साथ भोजन करने के लिये उस खेत या घास के मैदान में उतरते हैं, जहां पहले से ही गोडावण उपस्थित हैं, तो देखा गया है कि गोडावण बिना किसी जल्दी या विरोध के धीरे–धीरे उनके झुंड से दूरी बना लेते हैं।

6. **कौआ** - कौए और गोडावण के बीच विरोध का सम्बन्ध है। प्रजनन काल में मादायें इनसे डरती हैं, और सामान्य समय में भी मादा गोडावण कौओं से दूरी बनाये रहती हैं। इस बात के प्रमाण हैं कि कौए इनके अंडों को हानि पहुंचाते हैं। पानी पीने के लिये गई हुई या कुछ समय के लिये घोंसले से उठी हुई मादा की अनुपस्थिति में कौए अंडों को फोड़ देते हैं। यदि बाद में उनसे अंडे को बचा भी लिया जाये, तो भी अंडे को स्थायी क्षति तो हो ही जाती है। कौओं द्वारा परेशान किये जाने पर मादा इनकी ओर चोंच खोल कर, डैनों को नीचे करके और गर्दन लम्बी करके दौड़ती है। पीछा करते समय मादा गोडावण अत्यन्त चपल रहती है, और कई अवसरों पर इन्हें उछल कर कौओं को चोंच मारने का प्रयास करते हुए देखा गया है। मादा की उपस्थिति में तो कौए अंडों को हानि नहीं पहुंचा पाते पर उनकी अनुपस्थिति में ये अंडों को नुकसान पहुंचाने से बाज नहीं आते हैं।

सहयोगी पक्षी

भुजंगा, तुरमती (रेड–हैडेड फाल्कन), नीलकंठ और टीसा (सफेद–आँख बजर्ड) ऐसी चार पक्षी प्रजातियां हैं, जिन्हें अकसर गोडावण के साथ देखा जाता है। गोडावण के आस–पास रहने का लाभ इन सभी प्रजातियों को मिलता है। घास और झाड़ियों के बीच भोजन की तलाश में घूमते गोडावण के कारण जो कीड़े उड़ते हैं, वे आसानी से इन पक्षियों का भोजन बन जाते हैं।

1. **भुजंगा** - भुजंगा और गोडावण सबसे अधिक साथ–साथ दिखने वाले पक्षी हैं। अनेक अवसरों पर तो भुजंगा को गोडावण की पीठ पर सवारी करते हुए देखा गया है। भोजन की तलाश में घूमते गोडावण का तो भुजंगा अनुसरण करते ही हैं, पर आराम करते समय भी उसके आस–पास ही रहते हैं। यदि गोडावण एक स्थान से दूसरे स्थान तक उड़ कर जाता है, तो भी भुजंगा उसका पीछा करते हैं। देखा गया है कि मादायें और अवयस्क भुजंगा के प्रति अधिक सहनशील और धैर्यवान होते हैं। भुजंगा यदि वयस्क नर की पीठ पर बैठने का प्रयास करता है तो वह उसे तुरंत ही उड़ा देता है, और कभी–कभी परेशान होकर 'धमकी–प्रदर्शन' भी करता है। भुजंगा का यह व्यवहार पर्यावास और स्थान–विशेष पर भी निर्भर करता है। झाड़ियों या बैठने के सुविधाजनक

स्थान की उपलब्धता होने पर भुजंगा पीठ पर बैठने का प्रयास नहीं करते हैं। भोजन का एक ही स्रोत होने के बाद भी इनमें आपसी संघर्ष दिखाई नहीं देता है। इसका कारण यह हो सकता है कि भुजंगा उन तेज उड़ने वाले कीड़ों को खाते हैं, जो सामान्य तौर पर गोडावण की पकड़ से बाहर होते हैं।

2. **टीसा** - ये शिकारी पक्षी दूर से गोडावण का पीछा करते हैं। भोजन की तलाश में घूमते गोडावण के समूह के आस-पास, कई बार एक से अधिक टीसा या बजर्ड को बैठे देखा गया है। गोडावण के चलने से उत्तेजित होकर उड़ने वाले टिड्डे व पतंगे, इनके लिये आसान भोजन होते हैं। देखा गया है कि आराम करते हुए गोडावण के पास भी ये समुचित समय तक उसके उठने की प्रतीक्षा में बैठे रहते हैं। इन्हें अधिकतर वयस्क नर के साथ देखा गया है, जिसका कारण यह हो सकता है कि वयस्क नर इनकी उपस्थिति से विचलित नहीं होते हैं।
3. **तुरमती** - छोटे आकार के शिकारी पक्षियों में तुरमती या रेड-हैडेड फाल्कन गोडावण के आवास क्षेत्रों में सामान्य रूप से पाया जाता है। टीसा की तरह यह भी उत्तेजित होकर उड़ने वाले कीड़ों की आस में गोडावण का पीछा करता है। एक बार तो यह भी देखा गया कि एक ही वयस्क नर का पीछा टीसा और तुरमती, दोनों ही कर रहे थे, और बैठने के उचित स्थान के लिये दोनों के बीच प्रतियोगिता हो रही थी। ऊँचाई पर स्थित उपयुक्त स्थान पर बैठे हुए टीसा को हटाने का एक चपल तुरमती भरसक प्रयास कर रहा था, पर बड़े आकार का टीसा वहां से बेदखल होने को तैयार नहीं था। तुरमती प्रायः गोडावण के सामने चट्टान पर बैठ कर कीड़ों या टिड्डों के उड़ने की प्रतीक्षा करना पसंद करते हैं।
4. **नीलकंठ** - नीलकंठ या इंडियन रोलर और गोडावण का आपसी सम्बंध भी कुछ-कुछ भुजंगा-गोडावण और टीसा-गोडावण जैसा ही होता है, पर बारम्बार और लगातार देखने को नहीं मिलता है। नीलकंठ को प्रायः वयस्क नर या चूजों के साथ घूम रही मादा के साथ देखा गया है। ये सभी इसकी निकटस्थ उपस्थिति से बेचैन नहीं होते हैं। चूंकि नीलकंठ भुजंगा की तरह चपल नहीं होता है, अतः यह गोडावण के आगे-आगे छोटी झाड़ियों पर बैठा हुआ अस्तव्यस्त हुए कीड़ों को पकड़ने का प्रयास

करता है। एक बार तो इसे गोडावण की चोंच में से कीड़ा छीनते हुए देखा गया था। यह बार–बार अपने बैठने का स्थान भी नहीं बदलता है और गोडावण के लगभग 100 से 200 मीटर दूर जाने के बाद ही नये स्थान पर उड़ कर बैठ जाता है। सामान्य मैना और गोडावण का सम्बंध भी इसी पद्धति पर स्थापित है, पर पूर्वोल्लिखित अन्य प्रजातियों की तरह यह उतना सामान्य नहीं है।

स्तनपायी : कृष्णमृग, चिंकारा, भेड़िया, सियार, लोमड़ी और नेवला आदि स्तनपायी प्राणी गोडावण के प्राकृतिक आवास में रहने वाले जीव हैं। अनेक स्थानों पर पालतू मवेशी और भेड़–बकरी आदि भी वन्यजीवों के साथ–साथ उन क्षेत्रों का उपयोग करते हैंय और कहीं–कहीं तो केवल पालतू जानवर ही पाये जाते हैं। गोडावण का प्रत्येक प्रजाति के प्रति व्यवहार भिन्न होता है।

वन्य–

1. **भेड़िया** – भेड़िये के दुर्लभ हो जाने के कारण, वयस्क गोडावण का एक भी प्राकृतिक शिकारी वर्तमान में दिखाई नहीं देता है। वैसे गोडावण और भेड़िये का प्राकृतिक आवास लगभग एक जैसा होता है, पर इनके बीच संघर्ष होते हुए कम ही देखा गया है। घास के मैदानों में शिकार के लिये भेड़ियों का अधिकतर ध्यान अवयस्क कृष्णमृग या उनके छौनों पर होता है, और इसी बीच कई बार गोडावण और भेड़िये के बीच मुठभेड़ हो जाती है। ऐसे अवसरों पर गोडावण भय का प्रदर्शन तो नहीं करता, पर उड़ कर 200–300 मीटर दूर चला जाता है। इतनी दूरी हो जाने के बाद भेड़िये की रुचि भी उसमें नहीं रहती है। अंडों पर बैठी हुई मादा के ऊपर रात के अंधेरे में भेड़िये आक्रमण करने की जुगत अवश्य करते हैं। एक अध्ययन में अंडे सेती हुई मादा को परेशान करते हुए दो भेड़ियों को देखा गया था। दिन के उजाले में तो वे उसका शिकार नहीं कर पाये पर अगले दिन सुबह मादा गोडावण के पंख उस स्थान पर बिखरे हुए पाये गये थे। घोंसले में अंडे सुरक्षित थे, और मादा का कोई नामोनिशान नहीं था, इसलिये वैज्ञानिकों ने अंदाजा लगाया कि रात में भेड़ियों ने मादा को अपना शिकार बना लिया था। गोडावण द्वारा रात्रि का समय खुले मैदान में बिताने का कारण भी यही हो सकता है, क्योंकि खुले में वे शिकारी को आसानी से देख सकते हैं।

2. **सियार** – अध्ययन में पाया गया है कि वयस्क गोडावण सियार से नहीं डरते हैं। एक से अधिक सियार होने के बाद भी वहां उपस्थित सभी गोडावण एकत्रित होकर उन्हें भगाने का प्रयास करते हैं, और सफल भी होते हैं। अवयस्क नर भी सियार के प्रति आक्रामक रवैया अपनाते हैं। एक बार खाली खेत में चार मादायें और एक अवयस्क नर घूम रहे थे, तभी पास की झाड़ियों में से निकल कर दो सियार उनकी ओर आने लगे। पहले तो तीन मादाओं ने उनकी ओर आक्रामक रूप से चलना आरम्भ किया, और पीछे–पीछे अवयस्क के साथ उसकी मां ने भी वही आचरण किया। सियारों को धमकाने में अवयस्क ने बढ़–चढ़ कर भाग लिया और शीघ्र ही दोनों सियार झाड़ियों के पीछे भाग गये। देखा गया है कि अगर गलती से सियार गोडावण के आस–पास आ भी जाते हैं, तो वे निगाह बचा कर निकल जाना पसंद करते हैं। चूजों के साथ वाली मादायों को भी इनसे भयभीत होते हुए नहीं देखा गया है।
3. **लोमड़ी** – वयस्क गोडावण पर लोमड़ी की उपस्थिति का कोई भी प्रभाव नहीं पड़ता है, और वे अपने सामान्य कार्यकलाप में लगे रहते हैं। मादा और अवयस्क भी लोमड़ी से भयभीत नहीं होते हैं, बल्कि वे उसका पीछा करके उसे दूर तक भगा कर ही दम लेते हैं। एक अवसर पर मादा और उसके साथ के अवयस्क नर ने लोमड़ी का 100 मीटर तक पीछा किया था। ऐसे मौकों पर गोडावण अपनी गर्दन के पंख फुला कर, डैने फैला कर और पूंछ के पंखों को उठा कर दुश्मन को भयभीत करने का प्रयास करते हैं। पर लोमड़ी भी मौका ताड़ कर अंडों को चुरा ही लेते हैं। मादा की अनुपस्थिति में अनेक अवसरों पर लोमड़ी द्वारा अंडों की चोरी देखी गई है। एक बार मादा द्वारा चोरी पकड़ लिये जाने पर, उसके व दो लोमड़ियों के बीच बेर की झाड़ी के चारों ओर पकड़–पकड़ाई का लम्बा खेल हुआ था, पर पकड़े जाने के पहले ही लोमड़ियां अंडा चट कर चुकी थीं। मादा के पास अंडे के टूटे हुए टुकड़े समेटने के अलावा कोई चारा नहीं बचा था। यही कारण है कि लोमड़ियों के प्रति गोडावण का रवैया असहनशीलता का होता है।
4. **नेवला** – नेवले गोडावण के अंडों को हानि पहुंचाने वाले प्रमुख जीव हैं। वयस्क नर तो इनकी उपस्थिति में उदासीन रहते हैं, पर अंडे सेती हुई मादा को इनसे बहुत डर लगता है। प्रजनन काल के बाद मादायें

भी इनके प्रति आक्रामक हो जाती हैं। एक बार देखा गया था कि पानी पीने के लिये घोंसले से दूर गई हुई मादा ने लौटते समय पाया कि एक नेवला उसके घोंसले को ढूंढ़ने का प्रयास कर रहा है। पहले तो मादा एकदम से स्थिर हो गई, और फिर वह भूमि पर बैठ गई, और झुके–झुके ही घोंसले की ओर रेंगने लगी। जब नेवला चला गया, तब वह उठी और धीरे से अंडे पर बैठ गई। इस समय वह हांफ रही थी और उसे सामान्य होने में कुछ मिनट अवश्य लगे। उपस्थित रहने पर तो मादा स्वयं का और अपने अंडे–बच्चों का बचाव करने में सक्षम है, पर उसकी अनुपस्थिति में नेवले का दांव लग जाता है।

5. **कृष्णमृग और चिंकारा** – एंटीलोप और गज़ेल जाति के यह दोनों हिरण उन्हीं घास के पथरीले मैदानों में पाये जाते हैं, जहां गोडावण भी रहना पसंद करते हैं। प्रायः इनके बीच किसी प्रकार का संघर्ष नहीं होता है, पर कभी–कभी गोडावण अपने समीपस्थ हिरण को धमकाने का प्रयास करता है। अफ्रीका का कोरी बस्टर्ड तो वहां मिलने वाले विल्डरबीस्ट (अफ्रीकी एंटीलोप) के साथ–साथ रहता है, और उनके द्वारा क्षुब्ध किये गये छोटे चूहों आदि को अपना भोजन बना लेता है। गोडावण और हिरणों के बीच इस प्रकार का सामंजस्य नहीं देखा गया है। अनेक मौकों पर वयस्क गोडावण को हिरणों के झुंड के बीच में घूमते हुए देखा गया है। हिरणों की लगातार बढ़ती हुई संख्या के कारण कुछ अवसरों पर गोडावण के अंडों को उनके खुरों के नीचे नष्ट होते हुए पाया गया है।

गोडावण और चिंकारा/कृष्ण मृग के बीच सौहार्दपूर्ण सम्बन्ध होता है

पालतू मवेशी और भेड़-बकरी :

गोडावण के प्राकृतिक आवास में भारी संख्या में पालतू गाय–भैंस और भेड़–बकरी पाये जाते हैं, क्योंकि घास के मैदान उनके लिये चरागाह हैं। इनके कारण न चाहते हुए भी गोडावण के अंडों को नुकसान की संभावना बनी रहती है।

मवेशी - गोडावण मवेशियों के आने–जाने के मार्ग और चराई के स्थान से प्रायः दूर ही रहते हैं। यदि मवेशी चरते हुए गोडावण के समीप आ जाते हैं तो ये चल कर या उड़ कर उनसे दूर चले जाते हैं। प्रजनन काल में जब नर गोडावण अपने यौन–प्रदर्शन की सीमायें निर्धारित कर रहा होता है, उस समय क्षेत्र में यदि मवेशियों की गतिविधि बढ़ जाती है, तो वह अपने प्रदर्शन स्थल को बदल लेता है। हिरणों की तरह मवेशियों के झुंड के बीच इनको कभी भी नहीं देखा जाता है। इससे प्रतीत होता है कि जो सामंजस्य हिरण व गोडावण के बीच है, वह मवेशियों के साथ नहीं है। एक अवसर पर अंडे पर बैठी हुई मादा को घोंसले के समीप आ रही भैंसों को धमकाते हुए देखा गया था। पर उन पर उसकी धमकी का कोई असर नहीं हुआ था, और वैज्ञानिकों के हस्तक्षेप के कारण ही वह अंडा उनके खुरों के तले कुचले जाने से बचाया जा सका था।

भेड़-बकरी - भेड़ और बकरियों के प्रति गोडावण उदासीन रहते हैं, पर चरवाहे के साथ होने पर स्थिति बदल जाती है। चरवाहे की उपस्थिति में ये उड़ कर दूर चले जाते हैं। अंडे सेती हुई मादा के पास आ जाने पर वह अपने डैने और पूंछ के पंख फैला कर बकरियों को डराने का प्रयास करती है। आस्ट्रेलियाई बस्टर्ड में भी इसी प्रकार का व्यवहार देखा गया है।

कुत्ते - गोडावण के पर्यावास में कुत्तों की उपस्थिति एक बहुत बड़ी समस्या है। कुत्ते गोडावण का अकारण पीछा करते हैं, जिसके कारण उनको लगातार एक स्थान से दूसरे स्थान की ओर उड़ना पड़ता है और वे सदा तनाव में रहते हैं। अंडे सेती हुई मादाओं व चूजों के लिये ये और भी अधिक खतरनाक होते हैं।

9. अन्तःजातीय व्यवहार (Intraspecific Behaviour)

भोजन - देखा गया है कि भोजन पर पहला अधिकार प्रमुख वयस्क नर का होता है। एक बार देखा गया था कि एक अवयस्क नर अन्य पक्षियों के साथ बांबी से निकलती दीमकों को खा रहा था। उसके साथ मैना, नीलकंठ, भुजंगा और कौवे भी पंखयुक्त दीमकों को खाने लगे हुए थे। गोडावण ने अपने पूंछ के पंखों को 'धमकी–भरे–प्रदर्शन' में ऊँचा उठा कर फैला रखा था। इसी बीच वहां एक वयस्क गोडावण आ गया, जिसने अवयस्क को वहां से भगा दिया, पर अवयस्क वहीं आस–पास घूमता रहा। वयस्क ने भी कुछ देर के लिये पूंछ के पंखों को फैला कर प्रदर्शन किया, पर शीघ्र ही वह सामान्य हो गया। दीमकों का निकलना बंद हो जाने पर दोनों गोडावण आराम से एक–साथ वहां से चल दिये। इसी बीच एक और अवयस्क नर उनके साथ हो लिया। तभी वयस्क नर को एक अन्य बांबी से निकलती दीमकें दिखाई दीं, और वह उन्हें खाने के लिये तेजी से उस ओर चल दिया। अवयस्क भी उसके पीछे–पीछे चल दिये पर उन्हें वयस्क गोडावण ने बांबी के पास नहीं आने दिया। जब यह गतिविधि चल रही थी, तभी एक चील भी वहां आ गई, जिसकी उपस्थिति से वयस्क नर विचलित नहीं हुआ, बल्कि उसे ही डराने लगा। चील ने उसकी गीदड़–भभकी की ओर ध्यान नहीं दिया और इस उपेक्षा से अपमानित होकर वह उस स्थान से हट गया और कुछ देर बाद तीनों गोडावण उड़ कर एक अन्य बांबी पर चले गये, जहां दीमकों का निकलना आरम्भ हुआ ही था।

10. प्रजनन

प्रणय व्यवहार -

अफ्रीका, मध्य–पूर्व, भारतीय प्रायद्वीप और आस्ट्रेलिया में पाई जाने वाले बस्टर्ड कुल के पक्षियों के प्रजनन व्यवहार में बहुत अंतर पाया जाता है। नर और मादा के आकार और रंग–रूप में भी अन्तर होता है। साथ ही इनका प्रणय–व्यवहार भी एक–दूसरे से भिन्न होता है। बस्टर्ड कुल के अधिकांश सदस्यों में मादा का आकार नर से छोटा होता है। भारत में पाये जाने वाले खरमोर (लैसर फ्लोरिकन) और चरस (बेंगाल फ्लोरिकन) में मादा का आकार नर से बड़ा होता है। मजे की बात यह है कि इन्हीं दो जातियों में अविविक्त (प्रामिस्कुअस Promiscuous) व्यवहार देखा जाता है। नर का कोई भी निश्चित प्रणय क्षेत्र या मंच नहीं होता है, और कई नर एक–दूसरे से कुछ दूरी पर मादा को आकर्षित करने के लिये प्रणय–कुलांच लगाते हुए दिखते हैं।

नर व मादा गोडावण

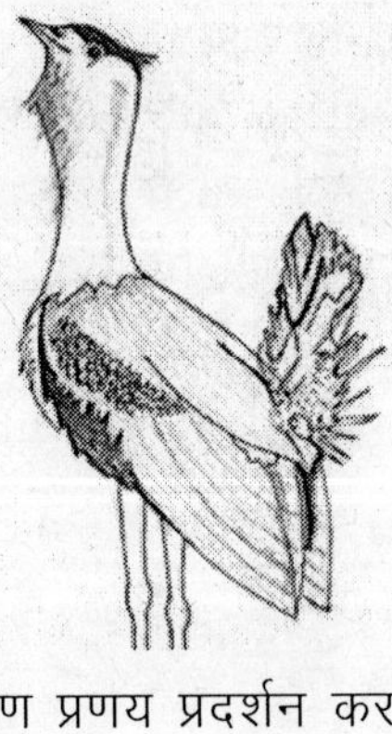

नर गोडावण प्रणय प्रदर्शन करते हुए

यूपोडोटिस बस्टर्ड्स (ब्लैक–थ्रोटेड बस्टर्ड, ब्ल्यू बस्टर्ड, व्हाइट–बेलीड बस्टर्ड और शायद रुपेल'स बस्टर्ड और लिटल बस्टर्ड) को छोड़ कर सभी बस्टर्ड बहुपत्नीक (पौलीगेमस *Polygamous*) होते हैं। प्रणय क्षेत्र की रक्षा करने वाले और बहुपत्नी प्रथा का पालन करने वाले बस्टर्ड्स में चूजों की देखभाल में पिता की कोई जिम्मेदारी नहीं होती है। इनके चूजे चूंकि जन्म से ही स्वतंत्र (प्रिकोसियल *Precocial*) होते हैं, और सर्वभक्षी होने के कारण भोजन भी सर्वत्र उपलब्ध रहता है, इसलिये नर को पैतृक जिम्मेदारियों से मुक्ति मिल जाती है। वैज्ञानिकों के अनुसार इस कुल की आबादी में मादाओं का घनत्व कम होने के कारण, एक मादा की रक्षा करना नर के लिये लाभदायक नहीं हो सकता है, अतः इनका पर्यावरण इन्हें बहुपत्नीक बनाता है। बड़े आकार के गोडावण और ग्रेट बस्टर्ड में नर–मादा के बीच, आकार का अंतर सर्वाधिक होता है। यह दोनों ही अपने प्रणय क्षेत्र या लेक में मादाओं को आकर्षित करते हैं और अनेक पत्नियां रखते हैं।

शोध में पाया गया है कि पक्षियों में दो तरीकों से सहवासी का चयन होता है, एक तो नरों के बीच सीधी सामाजिक प्रतिद्वंदिता और दूसरा मादा द्वारा अपने सहवासी का स्वतंत्र चयन; जिसमें नरों के बीच के द्वंद–प्रदर्शन का कोई महत्त्व नहीं होता है। गोडावण जाति के पक्षी प्रणय क्षेत्र ('एरिना' या 'लेक') या व्यापक प्रणय क्षेत्र (एक्सप्लोडेड लेक *Exploded Lek*) स्थापित करते हैं, जहां नर अपनी प्रजनन–क्षमता का प्रदर्शन – शारीरिक सौष्ठव और भाव–भंगिमा के प्रदर्शन द्वारा करते हैं। वे इस प्रदर्शन द्वारा मादा को अपनी ओर आकर्षित करने का प्रयास करते हैं।

आर्डिओटिस वंश के बस्टर्ड समूह की विभिन्न जातियों के प्रणय प्रदर्शन के तरीके में समानता पाई जाती है। इस वंश के सभी नर प्रजनन काल के समय व्यापक प्रणय क्षेत्र में प्रणय प्रदर्शन के लिये एकत्रित होते हैं। कोरी बस्टर्ड और आस्ट्रेलियाई बस्टर्ड नरों को प्रजनन काल में साल–दर–साल एक ही स्थान पर आते हुए देखा गया है। इस समूह के नर प्रणय प्रदर्शन के समय अपने सिर को कंधों से सटा कर, गालों को फुला लेते हैं। गले की थैली या गुलर पाऊच को हवा भर कर इतना फुला लेते हैं कि वह लगभग जमीन तक लटकने लगता है। डैने चौड़े कर के नीचे झुका लेते हैं, और पूंछ के पंखों को फैला कर पीठ के समतल टिका लेते हैं। पूंछ के नीचे वाले महीन रोंयेदार पंख भी फुला लेते हैं। हलकी और तेज आवाज करते हैं और चोंच

को खोलते व बंद करते हैं। उछल–उछल कर चलते हैं और समीप आ जाने पर नर एक–दूसरे को भाव–भंगिमा द्वारा धमकाते हैं।

गोडावण के प्रणय प्रदर्शन और नरों के बीच के संघर्ष के बारे में जोशुआ और साथियों (2005) ने लिखा है कि मादा के सामने दो प्रदर्शन करते हुए नरों के बीच संघर्ष एक सामान्य बात है। प्रदर्शन और संघर्ष के समय किये जाने वाले व्यवहार में कोई विशेष परिवर्तन नहीं होता है, केवल नर अपने कपाल के पंखों को खड़ा कर लेते हैं। आकस्मिक अपने क्षेत्र में आ जाने वाले नर को धमकाने के लिये उस क्षेत्र का स्थापित नर, या तो उसकी ओर दौड़ कर जाता है या कुछ दूर होने पर उड़ कर जाता है। पास आ जाने पर दोनों नर समानान्तर चलने लगते हैं। पूंछ उठा कर चलने का यह दौर 5 से 25 मीटर तक जारी रहता है। फिर दोनों ही अपनी गर्दन की थैली या गुलर पाऊच को झुलाते हैं, और तीन से पाँच बार ऐसा करने के बाद, एक पूरा गोल चक्कर (360°) लगाते हैं। एक बार ऐसा प्रदर्शन करने के बाद, पूरे क्रम को पांच से सात मिनट तक दोहराते रहते हैं। इसके बाद दोनों नर एक साथ उछल कर एक–दूसरे के सीने को टक्कर मारते हैं या सीने पर पैरों से टक्कर मारते हैं। यह हो जाने के बाद वे एक–दूसरे की गर्दन को उलझाने का प्रयास करते हैं और विजेता या क्षेत्र का मालिक दूसरे पर चोंच से वार करता है। दो–तीन मिनट तक चोंच का वार झेलने के बाद प्रायः हारा हुआ नर उस स्थान से उड़ कर दूर जाता है। इस पूरे प्रकरण का एक रोचक तथ्य यह भी है कि मादा की अनुपस्थिति में नर संघर्ष न करके आराम से उसी क्षेत्र में घूमते हुए भोजन करते रहते हैं। व्यापक प्रदर्शन क्षेत्र (एक्सप्लोडेड लेक) में एक बार नौ नर एक–दूसरे से 500 से 1000 मीटर की दूरी पर प्रदर्शन करते हुए देखे गये थे। इस समय उस क्षेत्र में पाँच मादा गोडावण विचरण कर रही थीं, पर इस अवसर पर नरों के बीच आपसी संघर्ष का कोई प्रमाण देखने को नहीं मिला। ऐसा प्रतीत होता है कि ऐसे समय में नर अपनी ऊर्जा का दुरुपयोग आपसी संघर्ष में न करके, प्रणय प्रदर्शन और प्रजनन में लगाना अधिक उपयोगी समझते हैं। यह एक उपयोगी प्रजनन–रणनीति हो सकती है।

नीड़न और प्रजनन:

वाघ और वाडतकर (2013) – इन्होंने महाराष्ट्र के चन्द्रपुर जिले के वारोरा और भद्रावती तालुक में गोडावण के चार घोंसलों का सन 2010–2011

में अध्ययन किया था। इन्होंने दिसम्बर 2010 में 8 गोडावण देखे, जिनमें से दो भटाली में, चार वनोजा में और दो मार्डा में देखे थे। ये सभी पक्षी खेतों में फसल के बीच देखे गये। उसी समय मार्डा में एक नर को प्रदर्शन करते हुए देखा गया। जनवरी 2011 में अध्ययन कर्त्ताओं को मार्डा और वनोजा से गोडावण के घोंसलों की सूचना प्राप्त हुई। चारों घोंसले खेतों में बनाये गये थे, पहला कपास के खेत के बीच की खुली जगह पर, दूसरा ज्वार के खेत में, तीसरा कपास के खेत में और चौथा ज्वार के खेत में था। इनके अनुसार महाराष्ट्र के चन्द्रपुर जिले में गोडावण का प्रजनन अक्तूबर से मार्च के बीच देखा गया, जबकि सामान्य तौर पर इनका प्रजनन काल मार्च से सितम्बर का माना जाता है। वानोजा के दोनों घोंसलों में चूजों का जन्म हुआ पर केवल एक जीवित बचा। मार्डा में 40 दिन के बाद भी अंडे में से चूजा नहीं निकला और भटाली में दुर्घटना वश अंडा टूट गया। लेखकों के अनुसार हाल के दिनों में विदर्भ में गोडावण के प्रजनन की यह प्रथम घटना है।

गोडावण की आनुवंशिक विविधता (Genetic Diversity)

किसी भी जीव के संरक्षण में उसके जीन्स में पाई जाने वाली आनुवंशिक विविधता का बहुत बड़ा महत्त्व है। किसी भी प्राणी की आनुवंशिक विविधता उसे बदलती हुई परिस्थितियों के अनुकूल अपने–आपको ढालने में सहायता करती है। अधिक आनुवंशिक विविधता वाली प्राणी–जातियों में इस बात की संभावना अधिक होती है, कि उस जाति के किसी न किसी जीव–विशेष में कठिन परिस्थितियों का सामना करने की क्षमता होगी, जो प्रतिकूल समय में प्रजनन कर के जाति की आबादी को स्थिर बनाये रखेगा या कम से कम जीवित रख सकेगा। जिन प्राणियों में इस विविधता की कमी होती है, उनमें बदलते हुए वातावरण के अनुकूल बनने की क्षमता कम होती है, और इसीलिये उनका संरक्षण उतना ही अधिक कठिन होता है।

गोडावण की भारतीय आबादी पर ऐसा पहला आनुवंशिक शोध सन 2011 में फराह इश्तियाक और साथियों ने किया था। उन्होंने गोडावण के माइटोकौन्ड्रियल डी.एन.ए. का अध्ययन कर के पता लगाया था कि इनमें आनुवंशिक विविधता की बेहद कमी है। वैज्ञानिकों ने इस प्रकार के प्रथम भारतीय अध्ययन के लिये पाँच प्रान्तों में निवास करने वाले गोडावणों के पंख (25%), बीट (60%) और अंडे (14%) के खोल के साठ नमूने एकत्रित किये

थे (कच्छ, गुजरात; मरु राष्ट्रीय उद्यान, राजस्थान; नानज, महाराष्ट्र; घाटीगांव, मध्य प्रदेश और रोल्लापाडु, आंध्र प्रदेश)। उनके अनुसार अनेक मार्गावरोध (बाटलनेक) में फंसी हुई संकटापन्न जाति के प्राणियों में आनुवंशिक विविधता कम पाई जाती है, पर भारतीय गोडावण जितनी सीमित आनुवंशिक विविधता किसी अन्य संकटापन्न प्रजाति में देखने को नहीं मिली है। लेखकों ने जोर देकर कहा है कि गोडावण के संरक्षण के लिये बनने वाली योजनाओं में इस बात का ध्यान रखा जाना चाहिये। उनका मानना है कि गोडावण के संरक्षण के लिये कृत्रिम रूप से प्रयोगशाला में प्रजनन किया जा सकता है, पर इसका तब तक कोई लाभ नहीं होगा, जब तक कि इनके लिये उपयुक्त पर्यावरण और प्राकृतिक आवास का पूर्णतः संरक्षण न किया जाये। शोधकर्ताओं का मानना था कि प्रयोगशाला में कृत्रिम प्रजनन केवल गोडावण को लुप्त होने से बचाने के लिये किया जा सकता है, क्योंकि यह तरीका उनके प्राकृतिक आवास की सुरक्षा और संरक्षण का स्थान नहीं ले सकता है। इन्होंने अपील की थी कि चूंकि गोडावण की आबादी में केवल तीन पीढ़ियों में 80ः से अधिक की गिरावट आई है, इसलिये इनको संकटापन्न से अति संकटापन्न श्रेणी में रखना चाहिये। जैसा कि हम जानते हैं कि ऐसे और भी अन्य सुझावों के बाद सन 2011 में गोडावण को अति संकटापन्न पक्षी की श्रेणी में ले लिया गया था।

11. गोडावण पर मंडराता संकट

ब्यूसेरस पत्रिका के एक अंक को पूर्णतः गोडावण को समर्पित किया गया था। उसमें सुजीत नरवडे (2015) के प्रतिनिधित्व में भारत के विख्यात गोडावण विशेषज्ञों डा. असद रहमानी और डा. रंजीत मनकदन आदि ने अपनी राय दी थी। गोडावण के संरक्षण और इस पर मंडराते हुए संकट के बारे में लिखते हुए, इन वैज्ञानिकों ने कहा है कि पिछली सदी के मध्य में ही पक्षी प्रेमियों ने सरकार को गोडावण के अस्तित्व पर मंडारते हुए संकट के प्रति आगाह कर दिया था। इसके बाद भारत के अलग–अलग राज्यों में आठ गोडावण अभयारण्य घोषित किये गये थे (मरु राष्ट्रीय उद्यान, करेरा और घाटीगांव अभयारण्य, नानज अभयारण्य इत्यादि); और इनके अतिरिक्त छोटे–छोटे संरक्षित क्षेत्र, जैसे कि राजस्थान में सौंखलिया (17 वर्ग किलोमीटर) और सोरसन (35 वर्ग किलोमीटर), गुजरात में गागा–भाटिया (2 वर्गकिलोमीटर) और लाला–नलिया (17 वर्ग किलोमीटर) और आंध्र प्रदेश में रोल्लापाडु (6 वर्ग किलोमीटर) निर्धारित कर दिये गये थे।

गोड़ावण संरक्षित क्षेत्र में कुत्ते उनको आतंकित करते हैं

इन अभयारण्यों का 'कोर' और 'बफर' खंडों में स्पष्ट सीमांकन नहीं किया गया था, और ये अत्यधिक मानवीय गतिविधि वाले क्षेत्रों के मध्य स्थित थे। इस वजह से स्थानीय निवासियों ने इन संरक्षित क्षेत्रों का विरोध किया, जिसके कारण संरक्षित क्षेत्रों की सीमाओं का पुनर्निर्धारण करना आवश्यक हो गया। करैरा सोन चिरैया अभयारण्य सन 1981 में उत्तरी मध्य प्रदेश के शिवपुरी जिले के 202 वर्गकिलोमीटर क्षेत्र में स्थापित किया गया था, इसमें से 147 वर्गकिलोमीटर क्षेत्र पर स्थानीय निवासियों का अधिकार था। अतः कालान्तर में उस क्षेत्र से गोडावण के लुप्त हो जाने के बाद राज्य सरकार ने सम्पूर्ण अभयारण्य को ही अघोषित कर दिया। महाराष्ट्र के एक गोडावण अभयारण्य का 8400 वर्गकिलोमीटर क्षेत्रफल, अनेक तहसीलों और 200 गांवों को सन 2011 तक अपने अंदर समेटे हुए था। इस कारण से स्थानीय दबाब के बाद सरकार को अभयारण्य की सीमाओं का पुनर्निर्धारण करना पड़ा, और सन 2015 में इसका क्षेत्रफल घटा कर 1226 वर्गकिलोमीटर कर दिया गया। इसी भांति लगभग सभी गोडावण संरक्षित क्षेत्र मानवीय गतिविधि से त्रस्त क्षेत्रों में स्थित हैं, जिस कारण से अनेक समस्यायें गोडावण के लिये खड़ी हो जाती हैं। संरक्षित क्षेत्र में गांव के मवेशियों की गतिविधि, प्रजननकाल में घोंसलों की असुरक्षा, बीड़ों या चारागाहों का खेती के लिये उपयोग–परिवर्तन, विकास कार्य, बिजली के खम्भे और तारों का जाल, सूर्य ऊर्जा व पवन चक्कियां आदि, कतिपय ऐसी मानवीय गतिविधियां हैं, जिनका गोडावण के संरक्षण पर प्रतिकूल प्रभाव पड़ा है। इन संरक्षित क्षेत्रों के स्थानीय निवासी हमेशा ही विरोध करते रहते हैं, क्योंकि उन्हें लगता है कि इसके कारण उनकी खेती की भूमि कम

हो रही है, और इन घास के मैदानों में रहने वाले काले हिरण उनकी फसलों को भारी हानि पहुंचा रहे हैं।

निजेल कौलर और उनके साथियों ने सन 2015 में बर्ड एशिया में छपे एक आलेख में लगभग उन्हीं मुद्दों की ओर ध्यान आकर्षित किया था, जिनका उल्लेख ऊपर किया जा चुका है। उन्होंने भी घास के मैदानों में झाड़–झंखाड़ के अतिक्रमण, स्थानीय निवासियों की उदासीनता या वैमनस्य, फसलों कि नुक्सान पहुंचाने वाले काले हिरणों की संख्या में वृद्धि, और मविशियों की बढ़ती आबादी इत्यादि कारणों को गोडावण संरक्षण में बाधा माना था। इसके अतिरिक्त एक अन्य प्रासंगिक मुद्दे का उल्लेख इन विद्वानों ने किया है, वह है फसल चक्र व फसलों में बदलाव। पारम्परिक फसलों का स्थान मिर्च, कपास और सूरजमुखी जैसी फसलें ले रही हैं, जिनका गोडावण की दिनचर्या में कोई विशेष महत्त्व नहीं है।

गोडावण के प्राकृतिक आवास को हानि और शिकार

गोडावण का प्राकृतिक आवासीय क्षेत्र लगातार सिकुड़ता चला जा रहा है या गोडावण के स्वच्छन्द विचरण, भोजन, प्रजनन और चूजों के लालन–पालन की दृष्टि से उस क्षेत्र की अवनति हो रही है। इस कारण से गोड़ातण अपने 90 प्रतिशत विचरण क्षेत्र से वर्तमान में लुप्त हो चुका है (रहमानी, 1989), और यह स्थिति सुधरने के स्थान पर बिगड़ती ही चली जा रही है। इतिहास गवाह है कि गोडावण का शिकार किया जाता था, और पड़ोसी देश पाकिस्तान में अभी भी इसका शिकार सामान्य बात है।

गोडावण का भारत से लगे हुए पाकिस्तान में शिकार

भारत में भी अवैध शिकार कभी–कभी हो ही जाता है। इसकी जीवन शैली और प्रजनन दर को देखते हुए, इसकी विलुप्तता में शिकार का भी बहुत बड़ा योगदान है। यदाकदा घोंसलों में से अंडे चुरा लिये जाने के समाचार भी आते हैं, जो कि इनकी प्रजनन सफलता के लिये एक बेहद खतरनाक है।

गोडावण का पाकिस्तान में शिकार

विद्युत वितरण प्रणाली, पवन ऊर्जा चक्कियों से टकराव और अनुचित छायाचित्रंकन

विगत कुछ वर्षों में पवन ऊर्जा उत्पादन हेतु लगाई गई विशाल चक्कियों और उच्च विद्युत वितरण प्रणाली के तारों से टकरा कर गोडावण के मरने की घटनायें बहुत बढ़ गई हैं। इस तरह से टकरा कर मरने की घटनाओं की सूचना मरु राष्ट्रीय उद्यान के अतिरिक्त कच्छ, रोल्लापाडु और सोलापुर से भी मिली है। वर्तमान समय में वन्यजीव छायाचित्राकंन में लोगों की रुचि बहुत बढ़ गई है, पर अनेक बार देखा गया है कि अतिउत्साही लेकिन गैरजिम्मेदार छायाचित्रकार, वन्यजीव छायाचित्रांकन के मूल सिद्धान्त को भूल कर पक्षियों और उनके घोंसलों या चूजों को स्वयं हानि पहुंचा देते हैं, या उनको शिकारी जीव के सामने उजागर कर के शिकार का आसान लक्ष्य बना देते हैं।

ऊर्जा पवन चक्कियों से गोडावण के टकराने का खतरा

यद्यपि भारत में उच्च विद्युत प्रणाली के तारों से टकरा कर गोडावण व अन्य बड़े पक्षियों के मरने के समाचार बहुधा आते रहते हैं, पर इस विषय पर भारत में कोई शोध नहीं हुआ है। विदेशों में हुए शोध का हवाला देते हुए महूद व साथियों ने कम्बोदिया में बंगाल फ्लोरिकन पर एक अध्ययन किया है। इसमें बताया गया है कि पुर्तगाल, स्पेन, साउथ अफ्रीका और उज़्बेकिस्तान में ग्रेट बस्टर्ड, लिटल बस्टर्ड, हौबारा बस्टर्ड, कोरी बस्टर्ड, कारू कोरहेन और लुडविग्स बस्टर्ड पर किये गये अध्ययन के अनुसार विद्युत वितरण प्रणाली से टकरा कर मरने की घटनायें कम से कम 0.4 प्रति किलोमीटर/प्रति वर्ष से अधिकतम 3.21 प्रति किलोमीटर/प्रति वर्ष है। सैकड़ों किलोमीटर क्षेत्र में फैली हुई विद्युत वितरण प्रणाली को देखते हुए यह संख्या बहुत अधिक है, और इससे अंदाजा लग जाता है कि इनके कारण गोडावण, गिद्ध, बड़े शिकारी पक्षी और सारस जैसे पक्षियों को कितना अधिक खतरा है।

सन 2018 में भारतीय वन्यजीव संस्थान की ओर से उच्च विद्युत वितरण प्रणाली से गोडावण के बचाव हेतु सुझाव प्रकाशित किये गये थे। इनमें बताया गया था कि गोडावण की पक्ष–दृष्टि, उनकी अग्र–दृष्टि के मुकाबले अधिक अच्छी होती है। दूसरी बात यह है कि गोडावण की आदत उड़ते समय नीचे के भू–परिदृश्य को देखते रहने की होती है, इसीलिये ये अन्तिम समय में विद्युत तारों को देख लेने पर भी अपनी दिशा बदल नहीं पाते हैं, और उनसे टकरा जाते हैं। संस्थान ने अपने सर्वेक्षण के दौरान विद्युत तारों या पवन–चक्कियों से टकरा कर मरे चार मृत गोडावण पाये थे, और सांख्यिकी द्वारा आकलन किया था कि 150 किलोमीटर से अधिक लम्बे क्षेत्र में लगभग 18 गोडावण प्रतिवर्ष मरने की सम्भावना है, जो संख्या अति संकटापन्न प्रजाति की दृष्टि से असंवहनीय है। इस समस्या के निवारण के लिये सुझाव दिया गया कि गोडावण के संचलन के अतिमहत्त्वपूर्ण क्षेत्रों से उच्च विद्युत वितरण के तारों को पूरी तरह से भूमिगत कर दिया जाये। संस्थान ने गोडावण के संचलन का 'रेडिओ–टेलीमेट्री' द्वारा अध्ययन करके निष्कर्ष निकाला था कि इस उपाय से हम गोडावण के संरक्षण क्षेत्रों का सटीक सीमांकन कर के उच्च विद्युत वितरण प्रणाली व विद्युत उत्पादन करने वाली पवन चक्कियों की स्थापना के लिये दिशानिर्देश तैयार कर सकते हैं।

कंजर्वेशन इंडिया में प्रकाशित सुतीर्थ दत्ता के लेख में बताया गया है कि उच्च विद्युत वितरण प्रणाली के तारों से गोडावण के साथ–साथ अन्य

पक्षियों को भी खतरा है। उनके शोध दल ने पाया कि लगभग 5.3 पक्षी प्रति किलोमीटर/प्रति माह, विद्युत तारों से टकरा कर मरते हैं। इनमें अति संकटापन्न इजिप्शियन गिद्ध, यूरेसियन ग्रिफौन गिद्ध के अतिरिक्त डेमोइजल क्रेन, क्रीम कलर्ड कोर्सर जैसे मरुस्थलीय पक्षी सम्मिलित हैं। गोडावण के 6000 वर्ग किलोमीटर में फैले हुए प्रमुख वितरण क्षेत्र में 3600 किलोमीटर लम्बी उच्च विद्युत वितरण प्रणाली का जाल है। इससे अंदाजा लगाया जा सकता है कि इनके कारण कितने अधिक पक्षियों की मौत प्रतिवर्ष हो रही होगी। आगे उन्होंने लिखा है कि संस्थान की ओर से तारों पर लगाने के लिये 'डायवर्टर' या 'राह से हटाने वाले संकेतक' के नमूने कम्पनियों को प्रयोग के तौर पर दिये गये थे, पर उनका भी अभी तक इस्तेमाल नहीं हुआ है। अतः आवश्यक है कि उच्च स्तरीय विद्युत तारों के कारण होने वाली दुर्घटनाओं से पक्षियों को बचाने के लिये युद्ध स्तर पर प्रयास किये जायें।

विद्युत वितरण प्रणाली से टकरा कर मरने का खतरा

घास के मैदानों का जंगल में परिवर्तन – कई राज्यों के वन विभाग ने घास के मैदानों व चारागाहों में वृक्षारोपण करके उनका स्वरूप बदल दिया है, या उनका सही प्रबंधन न करके, उन्हें अवनति की ओर धकेल दिया है।

अनावश्यक प्रचार – अनावश्यक प्रचार ने भी कुछ संरक्षित क्षेत्रों में गोडावण को सर्वाधिक हानि पहुंचाई है। आम जन और मनमौजी छायाचित्रकारों को दूर रखने के लिये आवश्यक है कि संरक्षण हेतु आवश्यक 'कोर' या केन्द्र

बिंदुओं को अधिक प्रचारित और प्रसारित नहीं किया जाये, और प्रजननकाल में छायाचित्रीकरण पर पूर्ण प्रतिबंध लगे। एक अनुमान के अनुसार अकेले कर्नाटक में 20000 से अधिक शौकिया छायाचित्रकार हैं, जिनके बीच दुर्लभतम चित्र लेने की होड़ लगी रहती है, और जिस होड़ के कारण वे कई बार वन्यजीव छायाचित्रीकरण के मूल सिद्धान्त के अनदेखी कर देते हैं।

अन्य मुद्दे - गोडावण के संरक्षण के लिये जिस नीति को लागू किया गया, वह छोटे पारम्परिक प्रजनन क्षेत्रों की सुरक्षा पर केन्द्रित थी। गोडावण चूंकि प्रकृति से यायावर या नोमेडिक पक्षी है, अतः छोटे–छोटे संरक्षित क्षेत्र, इसके लिये उपयोगी साबित नहीं हुए हैं। जहां तक बृहत संरक्षण क्षेत्रों का प्रश्न है तो स्थानीय विरोध और विरोधाभास उन्हें भी सफल नहीं होने देता है।

गोडावण का जीव विज्ञान, उसकी पारिस्थितिक आवश्यकतायें और यायावर प्रवृत्ति कुछ ऐसे हैं कि भारत का सतत परिवर्तनशील भू–वृत्त, गोडावण को संरक्षण के लिये एक अत्यन्त कठिन प्रजाति बना देता है। वन्य जीवों व वनों के संरक्षण के लिये बनाये गये नियम–कानून और विधायी, और प्रशासनिक व सामाजिक आवश्यकतायों या मजबूरियों के बीच का असामंजस्य गोडावण संरक्षण में बाधक है। यह सिद्ध हो चुका है कि संरक्षित क्षेत्र नियमन की वर्तमान विधि और पद्धति, गोडावण के लिये उपयुक्त नहीं है। उन सभी प्राणी प्रजातियों के लिये, जो मानवीय आबादी के समीप निवास करती हैं, एक भिन्न परिप्रेक्ष्य की नवीन संरक्षण योजना बनाने की आवश्यकता है।

सरकार की सिंचाई और भवन निर्माण योजनाओं के कारण गोडावण के अनेक वितरण क्षेत्रों की द्रुत गति से अवनति हुई है। पानी की समुचित उपलब्धता की वजह से शुष्क और अर्ध–शुष्क घास के मैदानी भागों में खेती का वर्चस्व हो गया है। इंदिरा गांधी नहर परियोजना के बाद मरु राष्ट्रीय उद्यान में और तेलुगु गंगा परियोजना के कारण रोल्लापडु गोडावण संरक्षण क्षेत्र में बृहत रूप से खेती होने लगी है और भूमिगत जल के स्तर में भी वृद्धि हुई है। अनेक गोडावण संरक्षित क्षेत्रों के आसपास और मध्य में अतिक्रमण हो गया है, विशेषकर महाराष्ट्र और गुजरात में यह समस्या सर्वाधिक है। घास के मैदानों की अवनति का एक कारण अतिशय चराई भी है। देखा गया है कि संरक्षित क्षेत्रों में मवेशियों की संख्या में वृद्धि हुई है, या आसपास के मवेशी इन क्षेत्रों में आकर केन्द्रित हो गये हैं। खेती में कीटनाशकों और खरपतवारनाशकों के अनियंत्रित उपयोग ने भी स्थिति को बिगाड़ दिया है।

संरक्षण के लिये वर्तमान में किये गये उपाय

वैधिक प्रावधान - भारतीय वन्यजीव अधिनियम, 1972 के अन्तर्गत गोडावण प्रथम श्रेणी का संरक्षित पक्षी है, जिसके शिकार करने वाले व पर्यावास को हानि पहुंचाने वाले के लिये कड़ी सजा का प्रावधान है।

अभयारण्य - बाम्बे नेचुरल हिस्टरी सोसायटी द्वारा सन 1981 से 1988 के मध्य किये गये सर्वेक्षणों के आधार पर विस्तृत गोडावण संरक्षण परियोजना बनाई गई थी, और देश भर में अनेक गोडावण अभयारण्य और संरक्षित स्थल घोषित किये गये थे।

गोडावण के सुरक्षित भविष्य के लिये आवश्यक सुझाव :

– गोडावण के पारम्परिक पर्यावास का सम्वर्धन, सुरक्षा और संरक्षण
– गोडावण के पर्यावास के बीच से पवन चक्कियों व उच्च विद्युत वितरण के तारों का निदान
– गोडावण के अवैध शिकार पर पूर्ण विराम
– गोडावण के विदित प्रजनन क्षेत्रों की हिंसक जानवर–अभेद्य बाड़े–बंदी द्वारा पूर्ण सुरक्षा, जिससे कि चूजे वयस्क होने तक सुरक्षित रह सकें
– गोडावण के पर्यावास के आस–पास रहने वाले या खेती करने वाले कृषकों से गोडावण–उपयोगी फसलें बोने का आग्रह और उनके प्रति सह्रदय व्यवहार करने का निवेदन
– गोडावण की पारिस्थितिकी के अध्ययन, प्रजनन–विज्ञान, स्थानीय प्रवास आदि विषयों पर शोध को बहुमुखीय बढ़ावा देना। अकेले भारतीय वन्यजीव संस्थान के लिये यह कार्य सम्भव नहीं होगा।
– गोडावण के सभी पारम्परिक क्षेत्रों में ऐसी परिस्थितियां तैयार करना आवश्यक है, जिनसे संरक्षण प्रजनन द्वारा उत्पन्न अवयस्क गोडावण पुनर्स्थापित किये जा सकें। यह किसी स्तनपायी के पुनर्स्थापन जितना आसान नहीं है, क्योंकि पक्षी एक स्थान से दूसरे स्थान पर आसानी से जा सकते हैं। अतः निर्धारित संरक्षित व सुरक्षित क्षेत्रों से दूरस्थ स्थानों पर भी इनकी सुरक्षा सुनिश्चित करनी होगी। उदाहरण के तौर पर कच्छ या राजस्थान के सीमावर्ती जिलों में पुनर्स्थापित गोडावण उड़ कर पड़ोसी देश पाकिस्तान में भी जा सकते हैं, जहां उनका शिकार हो जाने की सम्भावनायें अत्यधिक हैं। अतः अन्तर्राष्ट्रीय स्तर पर दो स्वतंत्र सरकारों के बीच बातचीत द्वारा गोडावण संरक्षण के प्रयास करने पड़ेंगे।

उपरोक्त सभी सुझाव गोडावण पर शोध कर रहे वैज्ञानिकों, संरक्षणवादियों और वन्यजीव प्रबंधन विशेषज्ञों की राय पर आधारित हैं। इनसे कुछ हट कर एक सुझाव निजेल कौलर और साथियों (2015) ने मरु राष्ट्रीय उद्यान में गोडावण के वितरण और उसके द्वारा नैसर्गिक आवास के उपयोग के अध्ययन के बाद दिया था। उन्होंने लिखा है कि बहुत बड़े क्षेत्र में फैले हुए मरु राष्ट्रीय उद्यान अभयारण्य के अन्तर्गत 200 किलोमीटर लम्बा उत्तरी अर्धचन्द्राकार क्षेत्र है, जहां अधिकांश गोडावण पाये जाते हैं। जैसलमेर के दक्षिण–पश्चिम से आरम्भ होकर यह वक्राकार उत्तर की ओर होता हुआ घूम कर जैसलमेर के उत्तर–पूर्व में रामदेवरा और पोकरण के पास समाप्त होता है। यह एक अत्यन्त तर्कसम्मत और व्यवहार्य सुझाव है, जिस पर वन विभाग और प्रशासन को अमल करना चाहिये। उनके अनुसार इसके अतिरिक्त कोर क्षेत्रों को पूरी तरह से अनुल्लंघनीय बनाना और गोडावण के प्रजनन क्षेत्रों को जून से सितम्बर तक पूर्ण सुरक्षा प्रदान करना आवश्यक है। उन्होंने एक 30 बिन्दुओं की सुझाव तालिका भी अपने आलेख दी है, जो बहुत ही व्यापक व समग्र होने के कारण, भारतीय परिप्रेक्ष्य में कितनी व्यावहारिक होगी, यह सोचने का विषय है।

वर्ष 2019 के जुलाई माह में डी. आई. जी. (वन्यप्राणी) ने नेशनल ग्रीन ट्रिब्यूनल के अप्रैल माह के पत्र के उत्तर में गोडावण की स्थिति के बारे में तथ्यात्मक रिपोर्ट प्रस्तुत की थी। इस रिपोर्ट में गोडावण के संरक्षण हेतु जो उपाय किये जाना निश्चित हुआ था, उसमें भी मरु राष्ट्रीय उद्यान की सीमाओं में तर्कसम्मत परिवर्तन सम्मिलित था, पर विचार विमर्श के बाद राज्य स्तरीय कमेटी ने इसे त्याग दिया गया था। इसके स्थान पर सुझाव आये थे कि गोडावण के लिये अतिमहत्त्वपूर्ण क्षेत्र से गांवों के स्वैच्छिक या प्रोत्साहन सहित विस्थापन के प्रयास होने चाहिये, और निर्णय लिया गया कि क्षेत्र का बुनियादी विकास गोडावण की सुरक्षा और आवश्यकताओं को ध्यान में रखते हुए किया जायेगा।

12. पक्षी–पथांतरक

मरु राष्ट्रीय उद्यान में फैली हुई उच्च विभव शक्ति विद्युत वितरण प्रणाली के तारों से टकरा कर गोडावण तथा अन्य बड़े आकार के पक्षियों की मृत्यु गम्भीर चिंतन का विषय बनी हुई है। नेशनल ग्रीन ट्रिब्यूनल ने मरु राष्ट्रीय उद्यान में पक्षी–पथांतरक लगाये जाने को आवश्यक बना दिया है, और कहा है कि

भविष्य में विद्युत वितरण प्रणाली के तार भूमिगत ही लगाये जायें। अन्य देशों में किये गये प्रयोगों व अध्ययन के आधार पर अनेक प्रकार के पक्षी–पथांतरकों की खोज की गई है, जिनमें से फायरफ्लाई–डायवर्टर या जुगनू–पथांतरक का प्रायोगिक उपयोग पोकरण खंड में चाचा और धोलिया के बीच 6.5 किलोमीटर में किया गया है। गोडावण के लिये इस प्रकार के पथांतरक के उपयोग की संस्तुति आई.यू.सी.एन. के बस्टर्ड–विशेषज्ञ समूह ने की है।

सन 2020 में ग्लोबल इकोलोजी एंड कंजरवेशन पत्रिका में फेरर और साथियों का शोध पत्र इस विषय पर प्रकाशित हुआ है, जिसमें उन्होंने तीन प्रकार के साधनों का उपयोग संकेतक या पथांतरक के रूप में किया था। अध्ययन क्षेत्र में 32 प्रजातियों के 131 मृत पक्षी पाये गये। उन्होंने लाल व नारंगी सर्पिल कुंडलियां तारों से लपेटी थीं, और फड़फड़ाने वाले लोलक लटकाये थे। वे इनमें से सर्वाधिक असर कारक साधन ढूंढ़ना चाहते थे। शोध के अन्त में उन्होंने पाया कि पथांतर संकेतक रहित क्षेत्र की तुलना में फड़फड़ाने वाले लोलक या फ्लैपर सर्वाधिक असर कारक थे, जिनके कारण अध्ययन क्षेत्र में होने वाली पक्षी मृत्यु दर में 70.2 प्रतिशत की कमी आई थी। इसके बाद नारंगी व लाल कुंडलियां क्रमशः 43.7 और 40 प्रतिशत कमी हासिल कर पाईं, लेकिन लोलक के प्रयोग की विश्वास–सीमा सर्वश्रेष्ठ थी।

ली और साथियों ने तिब्बत में उच्च विभव शक्ति विद्युत वितरण प्रणाली के तारों के कारण ब्लैक–नेक्ड क्रेन और बार–हैडेड गीज की मृत्यु दर का अध्ययन किया था। इस अध्ययन में उन्होंने पाया कि जो तार इन पक्षियों के रात्रि विश्राम स्थल और भोजन स्थल के बीच में, और खेती वाली घाटी के मुहाने पर पड़ते हैं, वहां दुर्घटना की संभावना अधिक होती है। अपने शोध पत्र में पक्षी–पथांतरकों के दक्षिण अफ्रीका में किये गये शोध के हवाले से उन्होंने लिखा है कि फायरफ्लाई पथांतरक और संकेतकों की तुलना में लोलक अधिक प्रभावशाली थे। जो फायरफ्लाई पथांतरक पराबैंगनी किरणों और प्रकाश को धुंधलके में परावर्तित करते हैं, वे रात में उड़ने वाले या धुंधलके में विचरण करने वाले पक्षियों को दुर्घटना से बचाने में अधिक सक्षम हैं।

इसी तरह अमेरिका में तारों के बीच–बीच में बड़ी–बड़ी आंखें या चक्रीय आकार लगा कर शोध किया गया है, जिसके कारण टकरा कर मरने वाले पक्षियों की मृत्यु दर में कमी आई है। गोडावण, सारस, और गिद्ध जैसे

संकटापन्न पक्षियों को अकाल मृत्यु से बचाने के लिये आवश्यक है कि उपरोक्त उपायों में से हमारी भौगोलिक और स्थानीय परिस्थितियों के लिये सर्वाधिक उपयोगी उपाय को खोजा जाये, और उसे शीघ्रातिशीघ्र अमल में लाया जाये।

संदर्भ

फेरर, एम., वी. मोरेंडिनी, आर. बौम्बुश, आर. मुरील, एम. डी लुकास, सी. काला. बुग (2020) ग्लोबल इकोलोजी एंड कंजरवेशन, 23:ई01130.

एफ. ली, एम. ए. बिशप, टी. ड्रोल्मा (2011) पावर लाइन स्ट्राइक्स बाय ब्लैक–नेक्ड क्रेन एंड बार–हैडेड गीज इन तिब्बत आटोनोमस रीजन, चायनीज बर्ड्स, 2(4):167–173.

गोडावण संरक्षण के लिये उसके प्राकृतवास में सुधार हेतु हस्तक्षेप कितना उपयोगी

वन्यजीव प्रबंधन के लिये अनेक बार नये प्रयोग करना आवश्यक हो जाता है, जिससे कि संरक्षित प्रजाति के जीव को उपयुक्त व सुरक्षित आवास प्रदान किया जा सके। मरु राष्ट्रीय उद्यान अभयारण्य में सेवन घास (लासियूरस इंडिकस) वाले रेतीले मैदान गोडावण के सर्वप्रिय प्राकृतिक आवास स्थल हैं। इसी लिये वन विभाग ने गोडावण के लिये सर्वाधिक उपयुक्त इलाकों में बाड़ाबंदी कर रखी है। इन बाड़ों में गोडावण स्वच्छन्द विचरण कर सकते हैं। गोडावण के नैसर्गिक आवास की उपयोगिता बढ़ाने के लिये अभयारण्य प्रबंधन ने एक प्रयोग किया था, जिसकी सफलता का उल्लेख भारद्वाज और साथियों (2017) ने इंडियन फौरेस्टर में एक आलेख में किया है। इस प्रयोग के माध्यम से अभयारण्य प्रबंधन जानना चाहता था कि मानवीय हस्तक्षेप रहित प्राकृतिक वनस्पतियों वाले बाड़े, और हलका हल चला कर व घास की छंटाई कर के तैयार किये गये नये बाड़े में से गोडावण किस को अधिक पसंद करेंगे। उन्होंने पाया कि अध्ययन के लिये चुने गये प्राकृतिक बाड़ों में 47 प्रजाति की शाकीय वनस्पतियां साधारणतः पाई जाती हैं, जिनके मिलने की सम्भावना क्रमशः इस प्रकार है . 45% घास, 39% जड़ी–बूटी, 13% झाड़ियां और 2% मरुस्थलीय पेड़। इसके विपरीत सुदासरी के नये बाड़े में 67% के साथ जड़ी–बूटियों का वर्चस्व था, जब कि दूसरे स्थान पर 24% के साथ घास का स्थान था। सुदासरी के हस्तक्षेप रहित बाड़े में घास 59% और जड़ी–बूटियां

34% थीं। इसी तरह अन्य स्थानों पर भी हस्तक्षेप रहित और नये बाड़ों के बीच वनस्पतियों के वितरण का स्वरूप उपरोक्त उदाहरण जैसा ही था। अध्ययन के अन्त में पाया गया कि खुले इलाके में घास को छांट देने और हल चला देने से धरती की ऊपरी पपड़ीदार सतह टूट जाती है, जिससे शाकीय वनस्पतियों की बढ़वार सुधरती है, और गोडावण का प्राकृतिक आवास बेहतर हो जाता है। इस बात का प्रमाण था कि नये बाड़ों में गोडावण की अधिक संख्या देखी गयी। अपना निर्णय देते हुए भारद्वाज व साथियों ने लिखा है कि वर्षाकाल से ठीक पहले सेवन घास व अन्य बारहमासी घासों व पेड़ों को हानि पहुंचाये बिना उपरोक्त कार्यकलाप का किया जाना मरु राष्ट्रीय उद्यान में गोडावण के संरक्षण हेतु अच्छी रणनीति होगी।

सुझाव – मरु राष्ट्रीय उद्यान में किये गये उपरोक्त अध्ययन से एक बात तो स्पष्ट होती है कि अनुल्लंघनीय बाड़ों की वानस्पतिक विविधता, विशेषकर ऋतीय या मौसमी विविधता में कमी की सम्भावना बनी रहती है। ऋतु अनुसार अपरिवर्तनीय वानस्पतिक विविधता का असर कीड़े–मकोड़ों की विविधता और संख्या पर भी अवश्य ही पड़ता होगा, और सम्भव है कि उपरोक्त शोध में किये गये हस्तक्षेप के कारण उत्पन्न हुई वानस्पतिक और जैविक विविधता ने अधिक से अधिक गोडावणों को अपनी ओर आकर्षित किया। पूर्ववर्ती अनुभव और अध्ययन में पाया गया था कि सुरक्षित बाड़ों में धीरे–धीरे खर–पतवार की मात्रा बढ़ जाती है, और घास के आदर्श मैदान झाड़–झंखाड़ में परिवर्तित हो जाते हैं। तो क्या बाड़ों में घास के पकने और बीज झड़ जाने के बाद के महीनों में सीमित और नियंत्रित चक्रीय चराई (रोटेशनल ग्रेजिंग) या सिर पर गट्ठर बना कर घास ले जाने की अनुमति गांव वालों को दी जा सकती है? विभाग अपने स्तर पर घास की नियंत्रित कटाई करवा के गांव के स्तर का घास–बैंक या कोष बना सकता है, जिससे कि सभी पशुपालकों को बिना किसी भेदभाव के अपना–अपना हिस्सा मिल सके। इससे गांव वालों का विरोध भी कम होगा, उनकी चारे की जरूरत कुछ हद तक पूरी होगी, और बाड़ों की नियमित निराई (डिवीडिंग) भी हो जायेगी। नियंत्रित चराई का एक लाभ यह भी होता है कि मवेशियों का गोबर भूमि के लिये खाद का काम करता है, और उसकी उत्पादन क्षमता कायम रहती है। शुष्क और अर्ध–शुष्क क्षेत्रों के घास के मैदानों की समस्यायों और उनके पुनर्रक्षण पर किये गये अपने शोध

में ए. मोहन और साथियों ने सुरक्षित बाड़ों में चराई की वनिस्पत घास की कटाई को बेहतर माना है। जैसा कि गोडावण के व्यवहार सम्बन्धी अध्ययन में पाया गया है कि मवेशियों और भेड़–बकरियों के प्रति उनका व्यवहार तटस्थ रहता है, इसलिये अक्तूबर से मार्च के बीच यदि बाड़ों को नियंत्रित रूप से खोल दिया जाये तो उपरोक्त लाभ होंगे, और गोडावण को किसी भी प्रकार की हानि की सम्भावना न्यूनतम रहेगी।

इसके अतिरिक्त गोडावण संरक्षण हेतु चयनित क्षेत्रों में कृषकों को संवहनीय और जैविक खेती के लिये प्रोत्साहित किया जाना चाहिये। उनको जैविक खाद और अरासायनिक कीटनाशकों की खरीद पर छूट (सबसिडी) दी जा सकती है, और इस प्रकार की खेती से होने वाले दीर्घकालिक लाभ समझाये जा सकते हैं। इन क्षेत्रों के कृषकों को गोडावण के लिये भोजनोपयोगी फसलें लगाने के लिये प्रेरित किया जा सकता है, और इसके कारण उन्हें यदि कम आमदनी होती है, तो उसकी भरपाई का साधन आपसी बातचीत द्वारा निश्चित किया जा सकता है। ग्वार जैसी नगदी फसलों के स्थान पर कृषकों को यदि मूंगफली, चना, सरसों, ज्वार, बाजरा, गेंहू आदि उगाने के लिये प्रेरित किया जाये तो अच्छा होगा। ये कुछ विचारणीय सुझाव है, जिन्हें नीति–निर्धारक और वन्यजीव प्रबंधन अधिकारी ध्यान में रख सकते हैं। ए. मोहन और साथियों ने भी घास के मैदानों के प्रबंधन के लिये लगभग यही सुझाव दिये हैं। उन्होंने भी रासायनिक कीटनाशकों को हानिकारक बताया है, और कृषकों को आर्थिक प्रोत्साहन देने की बात कही है। इसके अतिरिक्त उन्होंने अधिक से अधिक चारागाहों और घास के मैदानों को कन्जर्वेशन रिजर्व या स्थानीय समाज की सहायता से कम्यूनिटी रिजर्व घोषित करने पर जोर दिया है।

अभयारण्य प्रबंधन ने गोडावण के लिये पीने के पानी की उपलब्धता का ध्यान रखते हुए स्थान–स्थान पर जलकुंड बनवाये हैं। इनका जितना उपयोग गोडावण के लिये है, उससे अधिक इनसे होने वाला नुक्सान है। मरुस्थलीय क्षेत्र में छोटे से छोटे जलक्षेत्र पर चाहे–अनचाहे सभी प्रकार के प्राणियों का एकत्रीकरण हो जाता है, जिनमें सियार, लोमड़ी जैसे शिकारी जीव, और कुत्ते सम्मिलित हैं। ये सभी गोडावण की असहयोगी या उसे हानि पहुंचाने वाले जीव हैं। इसलिये आवश्यकता है कि इस विषय पर और अधिक शोध कर के जलकुंडों के विकल्प का पता लगाया जाये।

13. प्राकृतिक आवास के बाहर वंशवृद्धि या कृत्रिम प्रजनन

(एक्स-सीटू ब्रीडिंग Ex-Situ Breeding)

अति संकटापन्न जीवों के लिये उनके प्राकृतिक आवास के बाहर उनकी वंशवृद्धि के उपाय करना संरक्षण की दृष्टि से तर्कसम्मत और महत्त्वपूर्ण माना जाता है। आज विश्व में अनेक ऐसे उदाहरण उपलब्ध हैं, जहां संकटग्रस्त प्राणियों को इस उपाय से विलुप्तता की आपदा से बाहर निकाल लिया गया है। बस्टर्ड कुल के अनेक सदस्य वर्तमान में विलुप्त होने के कगार पर खड़े हैं। इस कुल की कुल 27 जातियों में से 15 पर विभिन्न श्रेणी का संकट मंडरा रहा हैं। इनमें से 2 क्रिटिकल्ली इन्डेंजर्ड (अति संकटापन्न), 2 इंडेजर्ड (लुप्तप्राय), 4 वल्नरेबल (असुरक्षित) और 7 नियर थ्रेटन्ड (आशंकाप्रद) श्रेणी गें रखी गई हैं। विगत चार दशकों में गोडावण की आबादी में निरंतर गिरावट आई है, और वर्तमान में इन पर विलुप्तता का खतरा तेजी से मंडरा रहा है। इसी कारणवश सन 2011 में इनका लुप्तप्राय की श्रेणी से अति संकटापन्न की श्रेणी में उन्नयन किया गया था।

क्रिस्टिन ल्यूस और लेसी ने अपने शोध में लिखा है कि किसी भी संकटापन्न प्राणी प्रजाति का संरक्षण प्रजनन करने से पहले उनके भौगोलिक और आनुवांशिक प्रबंधन के बारे में सोच लेना आवश्यक है। उनका कहना है कि विशेषकर उन प्राणियों के लिये, जिनका प्रजनन संकटग्रस्त वन्य आबादी के सम्वर्धन हेतु किया जा रहा है, इस बात का ध्यान रखना आवश्यक है कि उनमें अधिकतम आनुवांशिक और भौगोलिक विविधता सम्मिलित हो। प्रत्येक आबादी में आनुवांशिक विविधता के विकासमूलक तत्वों का प्राधान्य होता है, इसी वजह से वंशाणु–विविधता और आबादी के अनुकूलन का आपसी सम्बन्ध है। किसी भी आबादी के सदस्यों में जितनी अधिक वंशाणु–विविधता होगी, उनमें उतना ही अधिक किसी भी असामान्य स्थिति व नवीन चुनौती का सामना करने और जीवित रहने की क्षमता होगी। कृत्रिम वातावरण में पाले हुए या प्रयोगशाला में रहने वाले जीवों या इंडीवीज्वल की संख्या कम होती है; और उस प्रजाति की वन्य उप–आबादियों के साथ उनका परस्पर सम्पर्क भी कम होता है; और किसी भी पारस्परिक सम्पर्क के लिये वे मानवीय हस्तक्षेप पर निर्भर रहते हैं। अतः उपरोक्त कारणों से व आनुवांशिक विविधता की कमी के कारण ये जीव वंशानुगत व्याधियों और कमजोरियों से ग्रसित रहते हैं।

इस कारण से प्रयोगशाला में जन्म लेने वाले जीवों की प्राकृतिक आवास में सफलता संदिग्ध रहती है। इसलिये प्रयोगशाला में जन्म लेने वाले विशिष्ट जीव को प्राकृतिक आवास में छोड़ने से पहले, उसका चुनाव यह देख कर करना चाहिये कि वह वन्य आबादी की वंशाणु–विविधता के लिये कितना लाभदायक होगा।

इसी विषय पर सन 1996 में संयुक्त राज्य अमेरिका में किये गये शोध के आधार पर स्नाइडर और साथियों ने लिखा है कि किसी भी संकटापन्न प्राणी प्रजाति का संरक्षण प्रजनन आरम्भ करने से पहले इस प्रक्रिया की सीमायें व गतिरोध जान लेना आवश्यक है। ये प्रमुख व्यवधान हैं – क. प्रजनन के लिये समुचित बंदी जीवों की संख्या की उपलब्धता, ख. प्रकृति में वापस छोड़े जाने पर इनके जीवित बचने की न्यून दर, ग. संरक्षण प्रजनन की अमर्यादित लागत, घ. इनके पालतू हो जाने का खतरा, च. अन्य उपायों की अनदेखी, छ. रोग और महामारी, और ज. लम्बे समय तक प्रबंधन की निरंतरता प्राप्त कर पाना कठिन होती है। अत्यन्त आवश्यक होने पर अन्तिम उपाय की तरह संरक्षण प्रजनन के बारे में सोचा जा सकता है, पर फिर भी यह प्रजाति के पर्यावास और पारिस्थितिक स्थितियों को नकार कर या उसकी कीमत पर नहीं किया जा सकता है। यह प्रयोग करने वाले वैज्ञानिकों को ध्यान रखना चाहिये कि प्रजाति के व्यवहार में परिवर्तन न आये और उसमें नई बीमारियों का प्रवेश न हो जाये। इन लोगों या संस्थाओं को जैव विविधता के संरक्षण के उपाय करने चाहिये, और इसके लिये स्थानीय नागरिकों व शोधकर्ताओं के व्यवहारिक प्रशिक्षण पर ध्यान देना चाहिये, जिससे कि वे इन–सीटू या पर्यावास में उस प्रजाति की सुरक्षा में सहायता कर सकें।

एशियाई हौबारा या मैक्वीन्स बस्टर्ड या तिल्लोर का कृत्रिम प्रजनन – प्राकृतिक आवास के बाहर वंशवृद्धि के प्रयास एक अन्य असुरक्षित बस्टर्ड – एशियाई हौबारा या मैक्वीन्स बस्टर्ड पर लगभग 32 साल पहले सऊदी अरब में किये गये थे। इसके बाद उज्बेकिस्तान, कजाकस्तान व अन्य सम्बन्धित देशों में भी यह कार्यक्रम हाथ में लिया गया था। इसका मुख्य उद्देश्य एशियाई हौबारा की जाति के संरक्षण से अधिक अमीरात के शिकारियों और शिकारी बाज पालने वालों (फाल्कनर Falconer) के शौक को पूरा करने के लिये था। सन 2016 में उज्बेकिस्तान में प्रयोगशाला में जन्में 65 चूजों (38 मादा और 27 नर) के

स्वतंत्र किये जाने के बाद, उनके जीवित रहने की संभावना पर शोध किया गया था। इनको उज्बेकिस्तान के प्रजनन क्षेत्र में छोड़ा गया, और इनकी गतिविधि का स्वतंत्र किये जाने के समय (मार्च–मई और अगस्त) से लेकर आगामी बसंत तक सैटेलाइट ट्रांसमीटर की सहायता से अनुसरण किया गया। इस अध्ययन में पाया गया कि स्वतंत्र किये गये 58.8% हौबारा चूजे अक्तूबर तक जीवित थे, जो कि अमीरात के शिकारियों का उज्बेकिस्तान में शिकार करने का पसंदीदा समय है। परन्तु इनमें से केवल 10.8% ही शरदकाल में जीवित बचे, और अवयस्क के रूप में बसंत ऋतु में वापस आये। इस अध्ययन के शोधकर्त्ता राबर्ट बर्नसाइड और साथियों का निष्कर्ष है कि यदि हौबारा की वन्य आबादी को बचाना है तो शिकार करने की निर्धारित संख्या (लाइसेंस) को कम करना पड़ेगा या प्रयोगशाला में जन्में चूजों को प्रकृति में छोड़ना पड़ेगा, तभी प्राकृतिक रूप से जन्मे हौबारा की संख्या को स्थिर रखा जा सकेगा। उनके अनुसार यह संख्या न तो तर्कसम्मत है और न ही आर्थिक रूप से व्यावहारिक। आवश्यकता है कि शिकार के लाइसेंसों की संख्या उतनी ही रखी जाये, जितनी हौबारा की प्राकृतिक प्रजनन क्षमता है।

संयुक्त अरब अमीरात का प्रयास रहा है कि मनोरंजन के लिये हौबारा का शिकार इसके सम्पूर्ण वितरण क्षेत्र में होता रहे। उज्बेकिस्तान, कजाकस्तान, पाकिस्तान और हौबारा की अफ्रीकी आबादी वाला देश मोरक्को, इनका साथ देते रहे हैं। इसी लिये अमीरात की सहायता से मोरक्को में भी अफ्रीकी हौबारा का एक प्रजनन केन्द्र स्थापित किया गया था। इस केन्द्र से 1998 से 2005 के बीच कुल 348 हौबारा छोड़े गये, जिनमें से अधिकतम 240 तो 2002 में ही छोड़े गये थे। लैक्रौईक्स और साथियों (2005) के अनुसार छोड़े गये हौबारा की एक साल बाद उत्तरजीविता (सर्वाईवल) 30 से 80 प्रतिशत तक है, लेकिन जो पक्षी दो वर्ष से अधिक के होने के बाद स्वतंत्र किये गये, उनकी उत्तरजीविता 0% है। यहां पर हौबारा प्रजनन केन्द्रों में चोट या बीमारी के कारण होने वाली मृत्यु के आंकड़ों को देख लेना भी आवश्यक है। स्टीवनार्ट और मोहम्मद ने 2004 की आम सभा में प्रजनन केन्द्र में पैदा हुए हौबारा की मृत्यु के जो आंकड़े रखे, उनके अनुसार बीमारी और चोट से हौबारा की औसत मृत्यु दर 6.6% है। उनके अनुसार 600 (2001) से 1000 (2003 के बाद से) पालतू हौबारा यहां के प्रजनन केन्द्र में रहते हैं।

गोडावण का एक्स सीटु या प्राकृतिक आवास के बाहर कृत्रिम प्रजननः विचार-विमर्श

भारत में गोडावण के लिये कृत्रिम प्रजनन केन्द्र हाल ही में जैसलमेर में आरम्भ किया गया है, जिसमें प्रकृति प्रदत्त अंडों से चूजों को निकाला जा रहा है। हम इस प्रयोग के बारे में आगे बात करेंगे, पर उससे पहले आवश्यक है कि इस विषय पर विशेषज्ञों के क्या विचार हैं। इंटरनेशनल कौंसिल फौर बर्ड कंजर्वेशन (वर्तमान नाम बर्डलाइफ इंटरनेशनल) के 'बस्टर्ड समूह' के सभापति एन.जे. कौलर ने अपने आलेख "दि बस्टर्ड्स एंड देयर कंजर्वेशन" में इस विषय पर अपने विचार व्यक्त किये थे। 'बस्टर्ड समूह' के पक्षियों के सन्दर्भ में उन्होंने लिखा था कि अत्यन्त शर्मीले और छुप कर रहने वाले पक्षी होने के कारण, इन पर शोध करना संचालन व क्रियान्वयन और नैतिक दृष्टि से अत्यन्त कठिन है। सामान्य जीवन में किसी भी प्रकार के विघ्न या बाधा के प्रति ये पक्षी अति संवेदनशील हैं। घोंसले पर अंडे सेती हुई मादा तनिक भी व्यवधान होने पर अंडे का सेना छोड़ देती है, और इस समस्या को इनकी धीमी प्रजनन दर और भी अधिक बृहत रूप दे देती है। प्राकृतिक आवास का निरंतर अवमूल्यन, और इनकी अपने विशिष्ट पर्यावास पर पूर्ण निर्भरता, इनको मानवीय व्यवधान के प्रति अत्यधिक संवेदनशील बना देती है। दुःख की बात है कि इस कुल के पक्षियों और मानवीय आवश्यकताओं के बीच संघर्ष की स्थिति हमेशा बनी रहती है। इस कुल के पक्षियों पर मध्यावधि में लुप्त होने का संकट स्पष्टतः दिखाई दे रहा है।

कौलर ने आगे लिखा था कि इनके संरक्षण का एकमात्र उपाय है – बृहत और पूर्णतः सुरक्षित व व्यवधान रहित संरक्षण क्षेत्रों का सर्जन, जहां किसी प्रकार का मानवीय उत्पात न हो, और इन क्षेत्रों का विवेकपूर्ण प्रबंधन किया जाये। 'बस्टर्ड कुल' के संरक्षण में रुचि रखने वाले किसी भी समूह या व्यक्ति को इससे कम में तसल्ली नहीं करनी चाहिये। ऐसा कर पाना शायद व्यावहारिक न हो, और इसे बहुत विरोध का सामना करना पड़े, पर सुनिश्चित किया जाना चाहिये कि विशाल संरक्षित क्षेत्र के मध्य में एक ऐसा 'कोर' या मर्म–क्षेत्र हो जहां किसी प्रकार की मानवीय गतिविधि सहन नहीं की जाये। उन्होंने लिखा था कि शायद मेरी यह बात बहुत लोगों को अपमानजनक रूप से प्राथमिक लगे, पर मुझे संरक्षण के व्यावहारिक व कठिन उपाय, उन

सरल उपायों से अधिक प्रिय हैं, जिनका सुझाव आजकल दिया जाता है। वे अपनी बात को स्पष्ट करते हुए लिखते हैं कि वर्तमान में उनसे गोडावण की कृत्रिम वंशवृद्धि के बारे में बहुत सारे सुझाव मांगे जा रहे हैं, और इसके लिये आवश्यक प्रशिक्षण की मांग भारत से आ रही है। लेख में कौलर ने कृत्रिम वंशवृद्धि में रुचि रखने वाले भारतीयों के लिये एक उद्धरण अपने आय.यू.सी. एन. के 'कैप्टिव ब्रीडिंग स्पेशलिस्ट ग्रुप' के सम्मुख दिये गये भाषण से प्रस्तुत किया था – "बस्टर्ड कुल की जिस भी प्रजाति या आबादी पर विलुप्तता का संकट मंडराता है, उसके संरक्षण से जुड़े हुए अधिक से अधिक लोग विश्वास करने लगते हैं कि कृत्रिम वंशवृद्धि में इस समस्या का समाधान छुपा हुआ है। जैसी स्थिति वर्तमान में है, उसे देखते हुए यह बात असत्य है। सत्य तो यह है कि अपरिहार्य परिस्थितियों से जूझ रहे सदाशय संरक्षणकर्त्ताओं के लिये, कुछ न कर पाने से अधिक आसान तरीका है। इस प्रयोग के परिणाम मामूली रहे हैं, कतिपय लोगों को ही सेने लायक अंडे मिले हैं, और उससे भी कम ऐसे हैं जिन्होंने कृत्रिम रूप से सेये हुए चूजे को वयस्क होते हुए देखा हो। केवल दो ही जन्तु–आलयों को दो पीढ़ियों तक प्रजनन करने में सफलता मिली है, और इनमें से कोई भी उनको प्राकृतिक आवास में छोड़ने की हिम्मत नहीं जुटा पाया है।"

आगे उन्होंने लिखा है कि बस्टर्ड कुल का कृत्रिम प्रजनन कोई आसान विकल्प नहीं है, वरन यह एक कठिन अनुशासन है। कौलर ने कैलाश सांखला के सन 1977 के आलेख को उद्धृत किया है – "सन 1962 के आरम्भ से गोडावण को राजस्थान के जोधपुर और बीकानेर के जन्तु–आलयों में रखने के प्रयास किये गये थे। लेकिन कुल 18 पकड़े गये चूजों व वयस्क गोडावणों में से केवल तीन ही जीवित बचे हैं। बीकानेर में 1962 वाली मूल मादा जीवित है, और सन 1973 में जोधपुर लाये गये चार सप्ताह के छः चूजों में से वर्तमान तक केवल दो ही जीवित बचे हैं। इस प्रकार इनकी उत्तरजीविता दर 17% से भी कम है और प्रजनन दर शून्य है। सभी जीवित गोडावण मादा हैं, और जो एक जोड़ा कुछ समय तक जीवित बना रहा, वह बीकानेर का था। नर दो वर्ष तक जीवित रहा, और उसके स्थान पर लाया गया दूसरा नर भी जीवित नहीं बचा। इस काल में इनके बीच किसी भी प्रकार की प्रजनन गतिविधि नहीं देखी गई थी। इनके अतिरिक्त कर्नाटक में सन 1974 में पकड़ी गई दो मादायें

मैसूर के जन्तुयालय में जीवित हैं, पर वहां भी प्रजनन की कोई सम्भावना नहीं है। अभी तक के सभी प्रयास विनाशकारी रहे हैं। अब प्रश्न उठता है कि क्या प्रकृति से गोडावण को पकड़ना ठीक है? निस्संदेह इसका उत्तर 'न' है ! वर्तमान योजना प्राकृतिक अंडों को एकत्रित कर कृत्रिम रूप से सेने की रहेगी, चाहे इस प्रयास में चूजे पैदा हो पायें या नहीं, पर कम से कम वयस्क गोडावण अपने प्राकृतिक परिवेश में प्रजनन तो कर पायेंगे।"

इस्पिता हार्लेकर ने 2013 में करेंट साइंस के एक अंक में निजेल कौलर से हुई उनकी बातचीत का ब्यौरा छपवाया था, जिसमें उन्होंने विश्व स्तरीय बस्टर्ड विशेषज्ञ और आय.यू.सी.एन. के बस्टर्ड विशेषज्ञ ग्रुप के सभापति से गोडावण संरक्षण में संरक्षण प्रजनन के योगदान के बारे में बात की थी। इसमें कौलर ने उन्हें बताया था कि संरक्षण प्रजनन अत्यन्त प्रसंग विनिर्दिष्ट विषय है। इसे सभी प्राणी प्रजातियों पर एक समान रूप से लागू नहीं किया जा सकता है। गोडावण के संदर्भ में पूछे जाने पर उन्होंने स्पष्ट रूप से कहा कि संरक्षण प्रजनन इनके लिये बहुत उपयोगी नहीं होगा। उन्होंने तिल्लोर या हौबारा बस्टर्ड का उदाहरण देते हुए बताया कि अरब प्रायद्वीप में अरबों डालर के व्यय और 30 वर्ष के प्रयास के बाद इनके प्रजनन में सफलता प्राप्त की गई है। पहले 15 वर्ष तो केवल समस्यायों के निराकरण में लग गये थे, और अब जब सफलता मिली है तो डर है कि जो हौबारा या तिल्लोर मिले हैं, उनमें प्राकृतिक भय का अभाव है और वे लगभग पालतू पक्षी हैं। वन्यजीवों में भय का होना, उनके जीवन के लिये अत्यन्त महत्त्वपूर्ण है। अफ्रीका में पाये जाने वाले कोरी बस्टर्ड के संरक्षण प्रजनन में भी स्मिथसोनियन इंस्टीट्यूट को सफलता नहीं मिली है। गोडावण के संरक्षण प्रजनन के लिये कम से कम 20 गोडावण को पकड़ कर प्रजनन केन्द्र में रखना होगा, और जैसा कि देखा गया है कि इनमें से आधे ही जीवित बच पाते हैं। क्या गोडावण के लिये ऐसा कर पाना संभव है? यदि घोंसलों में से अंडे भी एकत्रित किये जायें तो इस प्रयोग में सफलता पाने के लिये इतने अधिक अंडे इकट्ठे करने पड़ेंगे, जो कि अब सम्भव नहीं है। शायद यह प्रयोग 40 साल पहले सम्भव था, पर अब कतई नहीं है।

जब उनसे गोडावण संरक्षण के उपाय बताने के लिये कहा गया, तो उन्होंने बताया कि भारत में घास के मैदानों की कमी नहीं है, पर उनके प्रबंधन पर उचित ध्यान नहीं दिया गया है। देखने की आवश्यकता है कि पहले वहां पर ऐसा क्या था, जो अब नहीं है। तभी भविष्य के लिये नीति बनाई जा सकती

है। मुझे पता चला है कि नानज में प्रति वर्ग किलोमीटर में लगभग 700 कुत्ते हैं, जो कि एक बहुत बड़ी संख्या है। वयस्क गोडावण को ये भले ही न मार पायें, पर चूजों और मादाओं के लिये बहुत खतरनाक हो सकते हैं। इन इलाकों के आसपास रहने वाले गांव वालों को अपने दृष्टिकोण के साथ मिला कर और गोचर भूमि या घास के मैदानों का सही प्रबंधन ही स्थायी उपाय हो सकता है।

यह पूछे जाने पर कि अभी तक संरक्षित क्षेत्र गोडावण के संदर्भ में बहुत उपयोगी साबित नहीं हुए हैं, तो क्या घास के मैदान और कृषिभूमि को मिला कर उपाय किये जाने चाहिये। इस पर कौलर ने कहा कि ऐसा प्रयोग पुर्तगाल में ग्रेट बस्टर्ड के लिये किया गया है। यहां पर सभी संरक्षित क्षेत्र कृषि भूमि पर हैं, जिसकी सुरक्षा के लिये किसानों को आर्थिक सहायता दी जाती है। किसानों को बस्टर्ड के उपयुक्त फसलें, बिना बस्टर्ड को हानि पहुंचाये, उगाने के लिये प्रेरित किया जाता है और इसके लिये उनको आर्थिक सहायता दी जाती है। जिन क्षेत्रों में 1977 में केवल 400 ग्रेट बस्टर्ड बचे थे, वहां वर्तमान में 1500 बस्टर्ड रहते हैं। यह एक अच्छा उदाहरण है। किसी भी संरक्षण कार्यक्रम की सफलता के लिये आवश्यक है कि स्थानीय व्यक्तियों को अपने साथ मिलाया जाये और उनके साथ उचित व्यवहार किया जाये व समुचित आर्थिक सहायता उपलब्ध करवाई जाये। यह करना संरक्षण प्रजनन से कहीं बेहतर और कम खर्चीला उपाय है।

वर्ष 2015 में प्रकाशित पाल डोल्मन और उनके साथियों के शोध में पता लगाने का प्रयास किया गया है कि गोडावण के अंडों को प्राकृतिक रूप से न से कर, यदि प्रयोगशाला में उन अंडों में से चूजे निकाले जायें, तो क्या यह प्रयोग इस प्रजाति के संवर्धन के लिये उपयोगी होगा या गोडावण के प्राकृतिक आवास व प्रजनन स्थलों की सुरक्षा, इनके संरक्षण के लिये अधिक उचित होगा। आलेख की प्रस्तावना में उन्होंने लिखा है कि मूल प्राकृतिक प्रजनन स्थल से दूर कृत्रिम रूप से अंडे सेना किसी प्रजाति के संरक्षण के लिये कितना उपयुक्त है, इसका आंकलन गोडावण का उदाहरण लेकर किया गया है। यह एक भूमि पर घोंसला बनाने वाली, और बहुपत्नी सामाजिक व्यवस्था वाली दीर्घजीवी पक्षी प्रजाति है, जिसका वितरण लगभग सम्पूर्ण प्रायद्विपीय भारत में था। वर्तमान में इसका वितरण सिमट कर कुछ छितरायी हुई आबादियों तक सीमित रह गया है। विद्युत वितरण प्रणाली, लगातार फैलता हुआ फसली क्षेत्र और अवैध शिकार, गोडावण के संकटापन्न हो जाने

के प्रमुख कारण हैं। वर्तमान में इसकी आबादी कुल 100 से 300 की संख्या तक सिमट गई है। महत्त्वपूर्ण बात यह है कि इनके यथास्थान या इन–सीटु संरक्षण के उपाय गम्भीरता से हुए ही नहीं हैं, या असफल रहे हैं। विशेषज्ञों की राय के आधार पर भारत सरकार ने 'संरक्षण प्रजनन कार्यक्रम' हाथ में लेने का निर्णय लिया है।

गोडावण के लिये 'संरक्षण प्रजनन' कितना सफल होगा, यह देखने के लिये शोधकर्ताओं ने उसके जीवन चक्र, यथास्थान और संरक्षण प्रजनन, अन्य बड़ी बस्टर्ड प्रजातियों की आबादी का अध्ययन किया, तथा सभी की एकल–आधारित प्रसंभाव्य आबादी का प्रतिरूपण किया। उन्होंने देखा कि कृत्रिम रूप से सेने के लिये प्रतिवर्ष कितने अंडे एकत्रित किये जा सकते हैं, जिससे कि गोडावण की एक बंधुआ या कैप्टिव–आबादी स्थापित की जा सके, जिसमें से आगे चल कर कुछ पक्षी खुले में प्राकृतिक आवास में छोड़े जा सकें। इस तरह से स्वतन्त्र की गई प्रजनन आयु की मादाओं का उनके प्राकृतिक आवास में स्थापित हो जाना इस कार्यक्रम की सफलता के लिये अत्यन्त आवश्यक है। उन्होंने भविष्य के 50 वर्ष तक की सम्भावनाओं को अपने शोध का आधार बनाया, और देखा कि कृत्रिम रूप से अंडे सेने से होने वाली आबादी में वृद्धि और पुनर्स्थापन तथा यदि वे अंडे प्राकृतिक रूप से चूजे से वयस्क होते, तो इन दोनों परिदृश्य में क्या परिणाम निकलता।

साथ ही शोधकर्ताओं ने दो परिकृत्यों का तुलनात्मक अध्ययन किया: (1) प्राकृतिक आवास और प्रजनन क्षेत्रों (इन–सीटु In-Situ) के संरक्षण की असफलता के कारण वर्तमान आबादी की दयनीय स्थिति, और, (2) समुचित संरक्षण के बाद आबादी में वृद्धि की सम्भावनायें, जो कि प्राकृतिक आवास की सुरक्षा और वन्यजीव संरक्षण कानून की समुचित पालना के बाद सम्भव है।

पाल डोल्मन और साथियों ने अपने शोध के निष्कर्ष में लिखा है कि गोडावण संरक्षण के लिये 'सफलता पूर्वक सम्पन्न कृत्रिम प्रजनन' (एक्स–सीटु EX-S) और प्रकृति में पुनर्स्थापन के लाभ अत्यल्प और विलम्बित हैं। उसके विपरीत तीस वर्षों तक के समुचित इन सीटु या प्राकृतिक आवास व प्रजनन क्षेत्रों की सुरक्षा और प्रबंधन के उपाय कहीं अधिक लाभदायक सिद्ध होने की सम्भावनायें हैं। प्रतिरूपण के पूर्वानुमान से पता चला है कि एक्स सीटु प्रजनन और बंधुआ आबादी द्वारा एक ऐसी आबादी तैयार की जा सकती है,

जो कम से कम पचास वर्षों तक कायम रह सके। लेकिन यह केवल अत्यधिक अनुकूल और प्रतिबंधित माहौल में ही सम्भव है, जिसके लिये आवश्यक संसाधनों, प्रबंधन और विशेषज्ञता पर असीमित व्यय होना निश्चित है। इसलिये जो लोग एक्स–सीटु प्रजनन या प्रयोगशाला में अंडे सेने की वकालत करते हैं, उन्हें इस कार्य के लिये आगामी पचास वर्षों तक आवश्यक मानवीय, आर्थिक और भौतिक या संसाधनीय पहलुओं पर भी गहन विचार करना चाहिये। शोधकर्ताओं का दावा है कि 'कृत्रिम प्रजनन कार्यक्रम' की हर दृष्टिकोण से औसत से अच्छी सफलता के बाद भी, प्रतिरूपण से प्राप्त पूर्वानुमान कहता है कि इस तरह से जन्मे चूजों की मृत्यु की सम्भावना बहुत अधिक होगी, और इसकी क्षतिपूर्ति के लिये अधिक से अधिक अंडे प्रकृति से प्राप्त करने होंगे, जिसकी सम्भावना गोडावण के संदर्भ में बहुत कम है। इससे गोडावण की पहले से ही दयनीय आनुवांशिक विविधता में और भी अधिक कमी आयेगी।

आगामी दस वर्षों तक गोडावण के प्राकृतिक आवास की समुचित सुरक्षा, और इन–सीटु संरक्षण के उपायों को प्रभावकारी रूप से लागू करने पर, तथा प्रकृतिकृत अंडों को घोंसलों में सुरक्षित छोड़ देने पर, इस बात की सम्भावना अधिक है कि आगामी तीस साल में गोडावण की वन्य आबादी में समुचित मादायें जुड़ जायेंगीं। यद्यपि अभी तक गोडावण के प्राकृतिक आवास की सुरक्षा नहीं हो पाई है, पर इसके लिये आवश्यक अवयवों की समुचित जानकारी उपलब्ध है। बुनियादी ढांचे में अभिवृद्धि, शहरी क्षेत्रों का फैलाव, खेती के लिये अतिरिक्त भूमि की आवश्यकता और भू–उपयोग में बदलाव, गोडावण के संरक्षण में आने वाले बड़े व्यवधान हैं। इन सभी व्यवधानों के बाद भी हमारी भारत सरकार को एकमत सलाह यही है कि गोडावण का भविष्य इसके इन–सीटु या प्राकृतवास में संरक्षण में ही सुरक्षित है, अतः सरकार द्वारा आर्थिक, बौद्धिक व मानवीय संसाधनों का सम्पूर्ण निवेश इसी दिशा में होना चाहिये।

निजेल कौलर और साथियों के सन 2012 के एक अत्यन्त महत्त्वपूर्ण आलेख में वन्यजीवों, विशेषकर पक्षियों के 'संरक्षण प्रजनन' (कंजरवेशन ब्रीडिंग) से जुड़े हुए मुद्दों पर महत्त्वपूर्ण प्रकाश डाला गया है। उन्होंने 'संरक्षण प्रजनन' (कंजरवेशन ब्रीडिंग) और 'बंधुआ प्रजनन' (कैप्टिव ब्रीडिंग) को अलग मानते हुए लिखा है कि संरक्षण के लिये किये जाने वाले कृत्रिम प्रजनन को पहली श्रेणी में और व्यापारिक या मनोरंजन के उद्देश्य से किये जाने वाले कृत्रिम

प्रजनन को दूसरी श्रेणी में रखा जाना चाहिये। संरक्षण व व्यापार के लिये आवश्यक प्रजनन को भी उन्होंने छः प्रमुख शीर्षों में बांटा है –

1. आवश्यक – प्राकृतिक परिवेश में प्रजाति के लुप्त हो जाने की स्थिति में; उदाहरण – हवाइयन गूज, कैलीफोर्निया कौंडोर, अलागोस कुरौसो, गुआम रेल, सोरोक्को डोव, स्पिक्स मैकौ और बाली स्टारलिंग।
2. आधारभूत – अनेक बुनियादी उपायों में से एक; उदाहरण – कतिपय ऐसे पक्षी जिनकी वन्य आबादी नगण्य है; जैसे कि मेडागास्कर पोचर्ड, बेअर्स पोचार्ड, एडवार्ड्स फीजेन्ट, स्पून–बिल सैंडपाइपर, नीग्रोज ब्लीडिंग हर्ट और ब्लू–क्राउंड लाफिंगथ्रश।
3. निवारक – इसका उद्देश्य वैकल्पिक आबादी का निर्माण है; इस वर्ग में आने वाली 23 पक्षी प्रजातियों में से दस एशिया में पाई जाती हैं; उदाहरण – व्हाइट रम्प्ड वल्चर, लौंग बिल्ड वल्चर, रेड हैडेड वल्चर, इंडियन वल्चर, वेस्टर्न ट्रोगोपान, बोर्नियन पीकौक फीजेन्ट, साइबेरियन क्रेन, येलो–क्रेस्टेड कोकेतू, फिलिप्पीन कौकेतू और विसायन रिन्कल्ड हौर्नबिल।
4. विवेकपूर्ण – वर्तमान की बंधुआ या बंदी आबादी का सदुपयोग; उदाहरण – व्हाइट–विंग्ड डक, ओरिएंटल स्टौर्क, ग्रेटर और लेसर एड्जुटेंट, चीर फीजेंट, चायनीज मोनाल, स्क्लेटर्स मोनाल, ग्रीन पीफाउल, माउन्टेन पीकौक फीजेंट और मलयन पीकौक फीजेंट इत्यादि।
5. अभिप्रेरक – संरक्षण में सहायक आधार का निर्माणय उदाहरण – यह श्रेणी बहुत विशिष्ट नहीं है, फिर भी इसमें फिलिप्पीन ईगल, सभी क्रेन्स, सभी बड़े हौर्नबिल रखे जा सकते हैं।
6. व्यापार–संचालित – खपत पूर्ति के लिये; कुछ उदाहरणात्मक प्रजातियां; ग्रीन अवाडवट, तिमोर स्पेरो, स्ट्रा–हैडेड बुलबुल और जावा स्पेरो आदि।

कौलर के अनुसार इन पक्षी प्रजातियों के अतिरिक्त कतिपय वैज्ञानिक मानते है कि निम्नलिखित पक्षियों को भी संरक्षण प्रजनन कार्यक्रम के अन्तर्गत लिया जा सकता है; और ये हैं –

1. गोडावण या ग्रेट इंडियन बस्टर्ड
2. ओकिनावा रेल
3. मिंडोरो ब्लीडिंग हार्ट

4. ग्रीन रैकेट–टेल
5. ब्लू–विंग्ड रैकेट–टेल
6. सुलु हौर्नबिल
7. मिंडोरो हौर्नबिल

इस आलेख से स्पष्ट हो जाता है कि बस्टर्ड विशेषज्ञ समूह के प्रमुख वैज्ञानिक गोडावण को संरक्षण प्रजनन कार्यक्रम के लिये सही नहीं मानते हैं, और केवल सम्भावना व्यक्त करते हैं कि इसको भी कृत्रिम प्रजनन कार्यक्रम में जोड़ा जा सकता है। गोडावण के लिये उनका मानना है कि इनके पर्यावास की सुरक्षा और संरक्षण, इनके सुयोग्य घास के मैदान और चारागाह की सुरक्षा, और इनके प्रजनन के लिये आवश्यक स्थानों का संवर्धन ही इनको लुप्त होने से बचा सकता है।

सन 2013 में एस. दता और साथियों ने भारत सरकार को एक प्रपत्र तैयार करके दिया था, जिसमें भारत में पाये जाने वाले बस्टर्ड कुल के पक्षियों; यथा – गोडावण, खरमोर और बंगाली खरमोर के संरक्षण हेतु नीतिगत उपाय सुझाये गये थे। इसमें गोडावण की संख्या का उल्लेख करते हुए लिखा है कि भारत में इनकी संख्या सन 1969 में 1260 आंकी गई थी, जो कि सन 2008 में घट कर कुल 300 के अंक तक सिमट गई थी। इसका तात्पर्य यह है कि मात्र तीन पीढ़ियों में गोडावण की कुल संख्या में 82ः की कमी आई थी। इनकी एक पीढ़ी की आयु 15.6 वर्ष मानी जाती है। अन्य अन्तर्राष्ट्रीय विशेषज्ञ संस्थान गोडावण की कुल आबादी को 50 से 249 के बीच आंकते हैं। इन गणनाओं से सिद्ध होता है कि गोडावण विश्व के सर्वाधिक लुप्तप्राय प्राणियों में से एक है। इससे भी अधिक दुःख की बात है कि इसके बारे में इतनी कम जानकारी उपलब्ध है कि इसे 'डाटा डिफीशिएंट' या 'न्यून तथ्य या अपूर्ण आधार सामग्री' श्रेणी में रखा गया है।

भारत सरकार को दिये गये इस प्रपत्र में दत्ता ने गोडावण की जनसांख्यिकी के कुछ रोचक तथ्य दिये हैं, जो कि इन पर या इस कुल के अन्य बस्टर्ड पर किये गये शोध का परिणाम हैं।

– यौन परिपक्वता की आयु : मादा – 3 वर्ष; नर – 4 वर्ष
– प्रजनन की अधिकतम आयु : 20 वर्ष
– प्रति वर्ष उत्पन्न होने वाले चूजों की औसत संख्या – 1

– प्रति वर्ष प्रजनन करने वाले वयस्कों का प्रतिशत : 50 ± 10
– कुल संख्या का वह प्रतिशत, जो प्रजनन में संलग्न है : 25
– मृत्यु दर : प्रथम वर्ष – 50 ± 10:; द्वितीय वर्ष – 10 ± 2: (मादा), 16 ± 3: (नर); वयस्क – 5 ± 1: (मादा), 8 ± 1.5: (नर)

गोडावण प्रजाति पर मंडाराते हुए संकट के कारणों और इनके संरक्षण के उपायों का उल्लेख करते हुए, लेखकों ने जो उपाय बताये हैं, उनमें से एक संरक्षण प्रजनन भी एक है। सर्वप्रथम हम इनके लुप्तप्राय होने के कारणों को देखें तो पायेंगे कि इनकी पारिस्थिति की समुचित जानकारी का अभाव एक प्रमुख कारण है। इसके बाद जो अन्य मुख्य कारण है, वह है इनके प्राकृतिक आवास क्षेत्र और उनकी गुणवत्ता में आई हुई कमी। इसके अतिरिक्त गोडावण संरक्षण में अनेक वैधिक व्यवधान हैं; जैसे कि अधिकांश गोडावण संरक्षित क्षेत्रों पर वन विभाग का सीमित अधिकार होना या इन महत्त्वपूर्ण क्षेत्रों पर ग्रामीण पंचायतों व निजी व्यक्तियों का अधिकार होना। स्थानीय व्यक्तियों और अभिमत निर्माताओं की गोडावण संरक्षण में रुचि का अभाव भी स्थानीय स्तर पर इनके संरक्षण में बाधक है। स्वतंत्रता के बाद से ही चारागाह व गोचर भूमि पर अत्याधिक अतिक्रमण हुआ है, जिसके कारण न केवल पालतू मवेशियों के लिये चारे की कमी हो गई है, वरन घास के मैदानों पर निर्भर वन्यजीवों पर प्रतिकूल प्रभाव पड़ा है। जैविक विविधता व वन्यजीवों की सुरक्षा व शोध के लिये जिम्मेदार सरकारी या गैर सरकारी संस्थाओं में दूरदृष्टि और आपसी सामन्जस्य की कमी भी एक बहुत बड़ा कारक है, जिसके कारण भारत में अधिकांश वनों व वन्यजीवों की स्थिति दयनीय है।

गोडावण की पारिस्थितिक आवश्यकताओं को देखते हुए, उपरोक्त प्रपत्र में राष्ट्रीय और प्रांतीय स्तर पर लागू किये जाने के उपयुक्त संरक्षण कार्यक्रम की रूपरेखा बनाई है। प्रजाति स्तर के संरक्षण कार्यक्रम में सर्वप्रथम इनकी आबादी की पारिस्थिति के अध्ययन पर जोर दिया गया है। इसके लिये नियमित, विज्ञान सम्मत और केन्द्रीय रूप से संगठित राष्ट्रीय स्तर की जनगणना का सुझाव दिया गया है।

गोडावण चूंकि के–सिलेक्टेड श्रेणी का जीव है, जो कि विलुप्तता के प्रति अधिक प्रवृत होते हैं; अतः इनकी संख्या को स्थिर रखने में संरक्षण प्रजनन सहायक हो सकता है। (वैज्ञानिकों ने जीवों को दो श्रेणियों में रखा है :–

के–सिलेक्टेड और आर–सिलेक्टेड्। के–सिलेक्टेड श्रेणी में वे जीव आते हैं, जो बड़े आकार के और दीर्घजीवी होते हैं। ये कम संख्या में बच्चे पैदा करते हैं, और इनके बच्चों को वयस्क होने में अधिक समय व्यय होता है। इसके विपरीत आर–सिलेक्टेड श्रेणी के जीव अधिकतर आकार में छोटे, अल्पायु और अधिक बच्चे पैदा करने वाले होते हैं)। के–सिलेक्शन वाले जीवों पर विलुप्तता का संकट अधिक रहता है। इनकी ऐसी प्रवृत्ति के कारण विशेषज्ञों ने सुझाव दिया है कि इनकी वन्य आबादी को स्थिर रखने के लिये पर्यावास के बाहर कृत्रिम प्रजनन द्वारा उत्पन्न चूजों को प्राकृतवास में पुनर्स्थापित करके, इनकी आबादी को संतुलित रखने में सहायता मिल सकती है। गोडावण के प्रजनन के लिये पूर्त में किये गये अवैज्ञानिक प्रयोग असफल रहे हैं, लेकिन वैज्ञानिक ढंग से कृत्रिम प्रजनन सम्भव है। यह प्रयोग अन्य बस्टर्ड्स, यथा – हौबारा, कोरी और ग्रेट बस्टर्ड पर सफलता पूर्वक किया जा चुका है। भारत के किसी भी जन्तुआलय में चूंकि गोडावण नहीं हैं, अतः इनकी वन्य आबादी समाप्त हो जाने का अर्थ है, प्रजाति की सम्पूर्ण विलुप्ति ! सन 2012 में छपे इस प्रपत्र में कहा गया था कि कृत्रिम प्रजनन के लिये शीघ्र ही प्रयास होने चाहिये, और इसके लिये अन्तर्राष्ट्रीय विशेषज्ञों की सहायता ली जानी चाहिये। साथ ही पर्यावास के स्तर पर गोडावण संरक्षण के लिये कोर या मर्म क्षेत्रों की सम्पूर्ण सुरक्षा, प्राकृतिक आवास के आसपास रहने वाले व्यक्तियों व परिवारों को रोजगार व संरक्षण से जोड़ना तथा सतत शोध व निगरानी आवश्यक हैं।

अपने प्राकृतवास के बाहर पैदा हुए जीवों में संभवतः आने वाले आनुवांशिक व व्यवहार सम्बंधी परिवर्तन तथा उनकी प्राकृतवास में पुनर्स्थापना के बाद की उत्तरजीवता या जीवित रहने की शक्ति के बारे में विश्व में जो शोध किये गये थे, उनका पुनरावलोकन सन 2009 में सारा विलियम और हौफमेन ने प्रस्तुत किया था। नब्बे आलेखों के पुनरावलोकन में उन्होंने पता लगाने का प्रयास किया था कि जीव के आनुवांशिक अनुकूलन में नगण्य परिवर्तन आये, इसके लिये तब तक किये गये शोध में क्या सुझाव प्रस्तुत किये गये हैं। उन्होंने इस बात को भी जांचा कि क्या इन सुझावों का प्रयोगशालीय प्रजनन में उपयोग हो रहा है; ये सुझाव कहां तक व्यावहारिक हैं; और किन सुझावों पर अभी और शोध की आवश्यकता है। आनुवांशिक अनुकूलन में संभव परिवर्तन को कम करने का सर्वश्रेष्ठ उपाय है – प्राकृतिक आवास के बाहर प्रयोगशाला में जन्मे

बच्चों की न्यूनतम पीढ़ियों को बंदी अवस्था में रखा जाये। इसके अतिरिक्त जो प्रासंगिक अनुकूलन (इंसीडेंटल अडेप्टेशन *Incidental Adaptation*) बंदी अवस्था में न चाहते हुए भी आ सकते हैं, उनका भी पुनरावलोकन किया गया। इसमें जो एक विशेष बात सामने आई, वह थी प्रासंगिक अनुकूलन की, जिसमें बंदी अवस्था में रहने और पलने वाले बच्चों को संकट का सामना करने की आदत नहीं रहती है। इसका कारण यह है कि उनके सीमित पर्यावास में शिकारी पशु–पक्षियों का अभाव होता है और उन्हें भोजन–पानी की खोज करने का व विभिन्न भोज्य पदार्थों की उपयोगिता का प्रशिक्षण नहीं मिल पाता है। इसके अतिरिक्त उन्हें जिस सुरक्षित वातावरण में रखा जाता है, वहां सामान्य परजीवियों का भी अभाव होता है। जिस वजह से सामान्य बीमारियों के प्रति उनकी प्राकृतिक प्रतिरोधक क्षमता विकसित नहीं हो पाती है। वैज्ञानिकों का सुझाव है कि इस प्रकार के प्रासंगिक अनुकूलन से बचने का एक ही उपाय है कि प्रयोगशाला में जन्मे या जन्तुआलय में पल रहे बच्चों को अधिक से अधिक प्राकृतिक वातावरण में रखा जाये। गहन विचार करने पर यह सम्भव प्रतीत नहीं होता है, क्योंकि अप्राकृतिक या कृत्रिम वातावरण में शिकारी या परजीवी प्राणी कहां से और कैसे लाये जा सकते हैं? इसी तरह से कृत्रिम वातावरण में पल रहे बच्चों को भोज्य–पदार्थों की विविधता और उपयोगिता का प्रशिक्षण कैसे मिल सकता है? शोध के पुनरावलोकन में यह भी पाया गया कि उपरोक्त समस्याओं के अत्यन्त मंहगे समाधान, जहां–जहां भी प्रयुक्त हुए हैं, वहां भी जन्तुआलयों का ध्यान बच्चों की सुरक्षा पर अधिक केन्द्रित था, न कि उनके प्रासंगिक अनुकूलन पर। आनुवांशिक विविधता बनाये रखने के लिये अनेक प्रयोग किये गये हैं, पर वर्तमान में उन प्रयोगों की गोडावण के संदर्भ में उपयोगिता नहीं है, क्योंकि वर्तमान में हम उनके अंडों के प्रयोगशाला में कृत्रिम रूप से सेने व जन्तुआलय के वातावरण में चूजों के पालन–पोषण तक ही सीमित हैं। पर भविष्य में जब उन्हें उनके प्राकृतिक आवास में छोड़ा जायेगा, तब इन सभी बातों पर ध्यान देना पड़ेगा। मौसम व समयानुकूल भोजन खोजने की क्षमता, शिकारी से बचने की अन्तःप्रेरणा और सामान्य रोगाणुओं व कीटाणुओं के प्रति प्रतिरोधक क्षमता का विकास, चूजों के प्राकृतिक माहौल में जीवित रहने की सम्भावना निर्धारित करेगा।

ग्रेट इंडियन बस्टर्ड रिकवरी कार्यक्रम के अन्तर्गत संरक्षण प्रजनन, जैसलमेर – जैसा कि हमें अवगत है कि वर्तमान में जैसलमेर में गोडावण प्रजनन केन्द्र

खोला जा चुका है, और वहां पर सन 2019 में प्रथम बार घोंसलों से उठाये गये अंडों से सफलतापूर्वक चूजे निकाल लिये गये हैं। इस सन्दर्भ में नेशनल ग्रीन ट्रिब्यूनल ने जो जानकारी मांगी थी, उसके उत्तर में वन्यजीव प्रभाग द्वारा "फैक्चुअल रिपोर्ट आन दि ग्रेट इंडियन बस्टर्ड रिकवरी प्रोग्राम" प्रस्तुत की गई थी। इसमें भारतीय वन्यजीव संस्थान द्वारा गोडावण सम्बन्धी किये गये सभी शोध प्रयासों का जिक्र किया गया है और संरक्षण प्रजनन की बात विस्तार से गई और इस परियोजना के औचित्य को दर्शाया गया है।

वैज्ञानिकों ने संरक्षण प्रजनन के अपने निर्णय के औचित्य के बारे में ग्रीन ट्रिब्यूनल को लिखा कि प्रजनन हेतु उपयुक्त स्थान के चुनाव हेतु वर्षा, मार्ग सुपुधा, वन्य आबादी से दूरी, पर्यावास और भौगोलिक उपयुक्तता, भूमि पर अधिकार, स्थानीय पारिस्थिति, जल, विद्युत, परिवहन, तापमान, प्रयोग के लिये उपलब्ध भूमि और स्थानीय नागरिकों का सहयोग जैसे विषयों का ध्यान रखा गया था। विशेषज्ञों से सलाह करने के बाद बारां जिले के सोरसन नामक स्थान का चुनाव प्रयोगशाला में जन्में गोडावण के पुनर्वास के लिये किया गया था। साथ ही जैसलमेर के पास रामदेवरा में वन विभाग द्वारा 2 वर्ग किलोमीटर भूमि गोडावण के अंडों के कृत्रिम ऊष्मायन या सेने के लिये प्रदान की गई थी। (जैसा कि अवगत है कि कृत्रिम ऊष्मायन केन्द्र स्थापित हो चुका है और वहां पर अंडों से बच्चे भी निकल आये हैं। लेकिन वर्तमान जानकारी के अनुसार सोरसन में स्थापित होने वाले अनुकूलन केन्द्र की तैयारियां नगण्य हैं। ऐसे में प्रश्न उठता है कि प्रतिदिन युवा होते चूजों को क्या पश्चिमी राजस्थान में ही रखा जायेगा? ऐसे में विशेषज्ञों की राय और नेशनल ग्रीन ट्रिब्यूनल को दिये गये शपथपत्र का क्या होगा?)

संरक्षण प्रजनन हेतु अन्तर्राष्ट्रीय ख्याति प्राप्त इंटर्नेशनल फंड फार हौबारा कन्जर्वेशन के वैज्ञानिकों के साथ अनुबंध किया गया है। उपरोक्त संस्था ने अपने आबू धाबी केन्द्र में प्रतिवर्ष 30000 से अधिक हौबारा बस्टर्ड पैदा कर लिये हैं। उनके द्वारा तैयार किये गये नमूने के आधार पर ऊष्मायन केन्द्र बन कर तैयार है। आई.एफ.एह.सी. के वैज्ञानिकों, वन विभाग, राजस्थान और वन्यजीव संस्थान के वैज्ञानिकों ने जैसलमेर में उन क्षेत्रों का भ्रमण किया जिन स्थानों से अंडे एकत्रित किये जाने हैं। विशेषज्ञ दल ने यह भी निर्णय लिया कि वर्ष 2019 के लिये सम नामक स्थान में एक अस्थायी ऊष्मायन केन्द्र स्थापित किया जाये।

इसके अतिरिक्त उन गतिविधियों का उल्लेख है जो वर्तमान में की जा रही हैं। इसमें गोडावण पर पवन चक्कियों और विद्युत वितरण प्रणाली के प्रभाव का अध्ययन सम्मिलित है। संरक्षित क्षेत्रों में कुत्तों की आबादी कम करने के उपाय करने के प्रयास का भी जिक्र है।

14. संरक्षण प्रजनन पर गोडावण विशेषज्ञ डा असद रहमानी का मत

Why conservation breeding of the Great Indian Bustard is necessary

By

Asad Rahmani

The International Union for Conservation of Nature and Naturel Resources, in short IUCN, defines conservation breeding or ex-situ conservation as "The conservation of the components of the biological diversity outside of their natural habitats." The IUCN has prepared strict guidelines for taking up conservation breeding of species and the circumstances under which it should be taken up. It is beyond the scope of this short note to discuss all the guidelines, readers are requested to see the IUCN website for these guidelines.

As conservation breeding is quite expansive and with unpredictable results, it should be taken up as the last resort to save a species. Conservation breeding is generally taken up of Critically Endangered species, with declining populations, and with short-term low chances that this decline can be reversed. A long-term resource commitment of the government and NGOs is essential. Conservation breeding is also taken up when there are still some individuals left in the wild which can provide a breeding stock. The reasons why the species has drastically declined are scientifically studied, and remedial measures are taken (in situ conservation) so in the future, the captive-bred individuals could be released in a safe environment. Conservation breeding (ex-situ conservation) will not succeed unless in situ measures are enhanced based on good science. The involvement of local communities is essential, particularly at the time of the release of captive-bred individuals.

Looking at the ground situation of the Great Indian Bustard and its critically low numbers, it is necessary to undertake its conservation breeding scientifically. This is being done very well by India's prestigious Wildlife Institute of India, in collaboration with the Rajasthan Forest Department. Godawan conservation breeding should have been started 20-25 years ago when there were many hundred birds. However, it is still not late. Any further delay would have made the species extinct.

Even at present, Godawan faces many threats such as powerline collision, poaching, habitat changes, increased predation by free-ranging dogs, and invasive species but if we wait for these threats to be fully removed, it will be too late. Therefore, conservation breeding has been started as a safety measure, a type of safety deposit in the bank that can be encashed in difficult times. If due to various reasons, we are not able to remove these threats in the immediate future and the species become extinct, at least we will have some individuals in captivity to release in the future. Extinction is forever. Conservation breeding is to prevent this statement to become true for our beloved Godawan.

हिंदी अनुवाद

भारत में गोडावण का संरक्षण प्रजनन आवश्यक है

डा. असद रहमानी

दि इंटरनेशनल यूनियन फौर कंजरवेशन आफ नेचर एंड नेचुरल रिसोर्सेस, या संक्षेप में 'आई यू सी एन' ने संरक्षण प्रजनन या प्राकृतवास के बाहर प्रजनन को परिभाषित करते हुए कहा है कि यह – "प्राकृतवास के बाहर जैव विविधता के विभिन्न अवयवों के संरक्षण का साधन है"। किसी भी प्रजाति के संरक्षण प्रजनन कार्यक्रम को लागू करने के लिये 'आई यू सी एन' ने सख्त दिशा निर्देश जारी किये हैं, और उन परिस्थितियों को परिभाषित किया हैं, जिनमें इसे लागू किया जा सकता है। इस संक्षिप्त आलेख में सभी दिशा निर्देशों का जिक्र नहीं किया जा सकता है। संरक्षण प्रजनन के लिये 'आई यू सी एन' के विस्तृत दिशा निर्देशों को पाठक उनकी वेबसाइट पर पढ़ सकते हैं।

संरक्षण प्रजनन एक अत्यन्त प्रशस्त विषय है, जिसके परिणामों का पूर्वानुमान बहुत कठिन है। इसलिये इसका उपयोग किसी भी प्राणी प्रजाति को बचाने के लिये किये जाने वाले अन्तिम उपाय के रूप में ही किया जाना चाहिये। संरक्षण प्रजनन सामान्यतः उन अति संकटापन्न (क्रिटिकल्ली एंडेजर्ड) प्राणी प्रजातियों के लिये ही अपनाया जाता है, जिनकी आबादी सतत कम होती जा रही हो, और जिनकी आबादी की कमी को लघु अवधि (शार्ट टर्म) में पूर्वस्थिति में लाने की संभावना बहुत कम हो। इसके लिये गैर सरकारी संस्थान या सरकार की दीर्घकालिक प्रतिबद्धता बहुत आवश्यकता होती है। संरक्षण प्रजनन को तब ही लागू किया जा सकता है, जब कि उस प्रजाति की कुछ आबादी अपने प्राकृतिक आवास में उपलब्ध हो, जिनसे कि प्रजनन के लिये आवश्यक मूल वंश (ब्रीडिंग स्टाक) मिल सके। इस प्रक्रिया में प्रजाति के संकटापन्न स्थिति में आने के लिये जिम्मेदार कारणों का वैज्ञानिक अध्ययन किया जाता है, और

उसके प्राकृतवास में संरक्षण (इन–सीटू कन्जर्वेशन) के सुधारात्मक उपाय खोजे जाते हैं, जिससे कि भविष्य में संरक्षण प्रजनन द्वारा उत्पन्न बच्चों को सुरक्षित आवास में पुनर्स्थापित किया जा सके। संरक्षण प्रजनन (एक्स–सीटू कन्जर्वेशन) की सफलता वैज्ञानिक रूप से किये गये प्राकृतिक आवास के संरक्षण व सुधार पर निर्भर करती है। इस कार्यक्रम में स्थानीय नागरिकों का सहयोग नितान्त आवश्यक है, विशेष रूप से तब जब प्रयोगशालीय संरक्षण प्रजनन द्वारा उत्पन्न बच्चों को प्राकृतिक आवास में छोड़ना हो।

गोडावण की जमीनी हकीकत या वस्तुस्थिति और इसकी बहुत कम संकटापन्न आबादी के मद्देनजर, इसका वैज्ञानिक ढंग से संरक्षण प्रजनन करना अति आवश्यक हो गया है। यह कार्य अत्यन्त कुशलता पूर्वक भारत के सर्वोत्कृष्ट संस्थान 'वाइल्डलाइफ इंस्टीट्यूट आफ इंडिया' (भारतीय वन्यजीव संस्थान) द्वारा राजस्थान के वन विभाग के सान्निध्य में किया जा रहा है। गोडावण का संरक्षण प्रजनन 20–25 वर्ष पूर्व आरम्भ हो जाना चाहिये था, जब कि अपने प्राकृतिक आवास में सैकड़ों गोडावण पाये जाते थे। फिर भी कहना होगा कि अभी भी देरी नहीं हुई है। इस परियोजना में यदि और देरी की जाती तो गोडावण की प्रजाति पूरी तरह से विलुप्त ही हो जाती।

वर्तमान समय में भी गोडावण पर अनेक संकट मंडरा रहे हैं, जैसे कि – विद्युत वितरण प्रणाली के तारों से टकराने का खतरा, अवैध शिकार, आवास में पारिस्थितिक परिवर्तन, लगातार संख्या में बढ़ते हुए आवारा कुत्तों द्वारा इनका शिकार, और तेजी से फैलने वाली आक्रामक प्रजातियों के जीव, पर यदि हम इन समस्यायों के निदान की प्रतीक्षा करेंगे तो बहुत देरी हो जायेगी। इसलिये सुरक्षात्मक दृष्टि से गोडावण का संरक्षण प्रजनन आरम्भ कर दिया गया है, जो कि एक तरह से बैंक में रखी गई सुरक्षित पूंजी जैसा है, जो कि मुश्किल समय में काम आती है। यदि कुछ कारणों से हम निकट भविष्य में गोडावण पर मंडराते इन संकटों का निदान नहीं कर पाये, और यदि वे प्राकृतवास से विलुप्त हो गये तो कम से कम हमारे पास कुछ ऐसे गोडावण तो होंगे, जिन्हें भविष्य में उनके प्राकृतवास में वापस छोड़ा जा सकेगा। हमारे प्रिय गोडावण के बारे में यह पूर्व कथन सही न हो, इसलिये इनका संरक्षण प्रजनन आवश्यक है।

– यह आलेख डा. असद रहमानी से साभार प्राप्त हुआ है। इसे हिंदी व मूल आंग्ल भाषा में दिया जा रहा है।

संरक्षण प्रजनन पर सापेक्ष चर्चा

संरक्षण प्रजनन (कंजर्वेशन ब्रीडिंग) को कई बार बंधुआ–प्रजनन (कैप्टिव ब्रीडिंग) भी लिखा जाता है। यह उपाय प्रायः उन प्राणी प्रजातिओं के लिये अपनाया जाता है, जो कि विलुप्तता की ओर अग्रसर हैं। इन प्रजातियों की वन्य आबादी इतनी कम हो जाती है कि प्राकृतिक वातावरण में उनकी आबादी की पुनःप्राप्ति या रिकवरी की सम्भावनायें नगण्य हो जाती हैं। यह पर्यावास के लोप, उपयुक्त पर्यावास के विखंडन या अभाव, अत्यधिक शिकार, प्रदूषण, रोग व परजीवों के कारण हो सकता है।

संरक्षण प्रजनन के लिये विभिन्न माडेल या आदर्श तंत्र विकसित किये गये हैं। इनका उपयोग अलग–अलग प्रजातियों के लिये उनकी आवश्यकता व परिस्थिति के हिसाब से किया जाता है। जिनमें से कुछ विशेष प्रयोग इस प्रकार हैं –

– प्रजाति की असम्बन्धित व दूरस्थ आबादियों से कुछ व्यष्टियों (इंडीविजुअल्स) को लेकर, उनका एक प्रजनन समूह बनाया जाता है, और उन्हें उपयुक्त परिस्थितियों में प्रजनन केन्द्र में रखा जाता है। संक. टापन्न प्रजातियों के 20 30 इंडीविजुअल्स का मिल गाना अनेक बार बहुत कठिन होता है।

– संकटापन्न सरीसृप और पक्षी प्रजातियों के लिये प्रकृति में उत्पन्न अंडों को एकत्रित कर के, उनका प्रयोगशाला में ऊष्मायन या इन्क्यूबेशन करना भी एक उपाय है। इस प्रकार पैदा हुए बच्चे जंतुआलय के सुरक्षित वातावरण में पाले जाते हैं।

– निकटस्थ सम्बन्धियों के बीच प्रजनन न हो, इसलिये अनेक बार कृत्रिम गर्भाधान का प्रयोग करना आवश्यक हो जाता है। यह प्रयोग चीन में जायन्ट पांडा और मैका पेरट पर सफलतापूर्वक किया गया है। इसका एक कारण यह भी था कि जन्तुआलय में रखे हुए नर जायन्ट पांडा मादाओं की ओर आकर्षित नहीं होते हैं, और मादा वर्ष में एक बार केवल 48 से 72 घंटे के लिये गर्भाधान के लिये तैयार होती है।

– क्रायोप्रिजर्वेशन या निम्नताप परिरक्षण द्वारा अंडों, निषेचित अंडों, और

यहां तक कि भ्रूण को प्रयोगशाला में सुरक्षित रख गया है। यह प्रयोग स्तनपायी, सरीसृप और पक्षियों पर किया जा चुका है।

– क्लोनिंग या प्रतिरूपण का प्रयोग एशियाई गौर को गाय के गर्भ से पैदा कर के किया गया था, पर इस प्रकार पैदा हुआ गौर बछड़ा दो दिन के अंदर मर गया था। सन 2003 में बान्टेंग और अफ्रीकी जंगली बिल्ली के क्लोन सफलतापूर्वक तैयार किये गये थे। इस सफलता के बाद वैज्ञानिक जायन्ट पांडा और एशियाई चीते पर यही प्रयोग करने का विचार कर रहे हैं।

जैसा कि ऊपर लिखा जा चुका है, भारत में गोडावण का संरक्षण प्रजनन अंडों का घोंसलों में से संग्रह करके किया जा रहा है। अंडों को प्रयोगशाला में ऊष्मायन द्वारा से कर चूजे निकाले जा रहे हैं, जिन्हें वयस्क होने तक जंतुआलय के सुरक्षित माहौल में रखा जायेगा।

अभी तक प्राप्त जानकारी के अनुसार जैसलमेर के प्रजनन केन्द्र में ऊष्मायन द्वारा गोडावण के चूजे निकाले जा चुके हैं। आशा है कि वे वयस्क होने तक स्वस्थ रहेंगे व अपने वंश का नैसर्गिक व्यवहार सीखने में सक्षम होंगे। संरक्षण प्रजनन के जो माडेल या तन्त्र विशेषज्ञों द्वारा विकसित किये गये हैं, उनमें से ही एक भारत में गोडावण के लिये उपयोग में लाया जा रहा है। परन्तु यदि विदेशी विशेषज्ञों व भारतीय वैज्ञानिकों की मानें तो किसी भी संकटापन्न प्रजाति को बचाने के लिये आवश्यक है कि उन कारकों का निराकरण पहले ढूंढ़ा जाये, जो उस जीव प्रजाति की ऐसी विकट स्थिति के कारण बने हैं। इनका जिक्र प्रसिद्ध विदेशी व भारतीय गोडावण विशेषज्ञों ने ऊपर के पन्नों में किया है। इस बात पर सभी एक मत हैं कि सुरक्षा व संरक्षण के उपाय किये बिना संरक्षण प्रजनन का कोई महत्त्व नहीं है। यदि गोडावण के प्राकृतिक आवास, भोज्य पदार्थ, उचित प्रजनन स्थल का संरक्षण, अवैध शिकार और असमय मौत के कारणों से सुरक्षा के उपाय नहीं किये गये, तो संरक्षण प्रजनन पूरी तरह से विफल हो जायेगा। डा रहमानी ने इस बात पर भी ध्यान दिलाया है कि संरक्षण प्रजनन की सफलता के लिये सभी गैर सरकारी व सरकारी संस्थाओं की दीर्घकालिक प्रतिबद्धता भी आवश्यक है, और यह प्रतिबद्धता आर्थिक, कार्मिक, सामाजिक, प्रशासनिक, नैतिक व राजनैतिक, अर्थात बहुआयामी होनी चाहिये। गोडावण के सुरक्षित भविष्य के लिये हमें

आशा करनी चाहिये कि संरक्षण प्रजनन का जो महती कार्य भारत में आरम्भ हुआ है, वह अपने उद्देश्य में पूर्णतः सफल होगा।

गोडावण परियोजना, राजस्थान

जैसी कि पूर्व में कई बार चर्चा की जा चुकी है कि बाम्बे नेचुरल हिस्टरी सोसायटी के वैज्ञानिकों, विशेषकर डा. रहमानी द्वारा 1980 के दशक के उत्तरार्ध से ही 'प्रोजेक्ट टाइगर' की तर्ज पर भारत में गोडावण परियोजना की वकालात की जा रही थी। अन्ततः सन 2013 में राजस्थान सरकार ने राज्य में गोडावण परियोजना आरम्भ करने का निर्णय लिया, और उसके लिये 12 करोड़ की राशि के आवंटन का समाचार छपा था। यद्यपि गोडावण भारतीय वन्यजीव अधिनियम के अन्तर्गत संरक्षित पक्षी है, और यह राजस्थान का राज्य पक्षी भी है, पर इसके संरक्षण पर कम ही ध्यान दिया गया और यह 'बी पी एल' या बिलो प्रोटेक्शन लाइन (संरक्षण रेखा के नीचे) रहा। गोडावण घास के मैदानों के स्वास्थ्य को इंगित करने वाला महत्त्वपूर्ण पक्षी है। हमारे लिये घास के मैदानों व चारागाहों (ओरण) का विशेष महत्त्व इसलिये भी है, क्योंकि भारत में विश्व की कुल मवेशी आबादी के 20: मवेशी व भेड़–बकरी, ऊँट आदि पालतू जानवर रहते हैं। मवेशियों व अन्य पालतू जानतरों की संख्या राजस्थान में सर्वाधिक है। अतः कहा जा सकता है कि राजस्थान की ग्रामीण अर्थव्यवस्था में चारागाहों का सर्वोच्च योगदान है।

राजस्थान के वन विभाग ने गोडावण परियोजना के लिये 11 बिन्दु वाला एक कार्यक्रम अपनी वेबसाइट पर प्रकाशित किया है। इस कार्यक्रम के प्रमुख बिन्दु है गोडावण क्षेत्र की अधिक से अधिक पहरेदारी, क्षेत्र में सूचना तन्त्र का विकास, सुरक्षा की दृष्टि से महत्त्वपूर्ण स्थानों पर चौकियां स्थापित करना, कम से कम रेन्ज आफीसर द्वारा संचालित उड़न दस्ते, वायरलेस तन्त्र का सुदृढ़ीकरण, गोडावण के नैसर्गिक आवास की सुरक्षा हेतु मानव गतिविधि रहित समुचित क्षेत्रफल के बाड़ों का निर्माण, पारिस्थितिक सुधार, जैसे कि सेवन घास का रोपण और पीने के पानी की व्यवस्था, गोडावण संरक्षण करने व सूचना देने के लिये स्थानीय कृषकों को पारितोषक, स्थानीय व्यक्तियों को पारिस्थिति विकास व पर्यटन से जोड़ना, अधिक से अधिक नागरिकों में चेतना जागृत करना और उन्हें गोडावण के प्रति संवेदनशील बनाना, और गोडावण के आवास की सतत निगरानी।

15. गोडावण के लिये संरक्षित क्षेत्र

गोडावण के संरक्षण हेतु विशेष रूप से घोषित किये गये अभयारण्य भारत के चार राज्यों में फैले हुए हैं। महत्त्व की दृष्टि से इनमें प्रथम स्थान मरु राष्ट्रीय उद्यान का आता है, जो कि राजस्थान के जैसलमेर और बाड़मेर जिलों में फैला हुआ है। गोडावण की कुल आबादी के लगभग 50 प्रतिशत पक्षी यहां पर पाये जाते हैं। सबसे विशेष बात यह है कि यहां पर गोडावण के संरक्षण प्रजनन का देश का पहला केन्द्र स्थापित किया गया है। इसके अतिरिक्त गुजरात में कच्छ घोरार (ग्रेट इंडियन बस्टर्ड) अभयारण्य, महाराष्ट्र में नानज माल्धोक अभयारण्य, और आन्ध्र प्रदेश में रोल्लापाडु ग्रेट इंडियन बस्टर्ड अभयारण्य हैं।

मरु राष्ट्रीय उद्यान, राजस्थान - मरु राष्ट्रीय उद्यान की घोषणा सन 1981 में जैसलमेर और बाड़मेर जिलों के 3162 वर्ग किलोमीटर क्षेत्र को मिला कर की गई थी। जैसलमेर जिले का 1762 वर्ग किलोमीटर और बाड़मेर जिले का 1400 वर्ग किलोमीटर क्षेत्र इसमें सम्मिलित किया गया था। इसका मुख्य उद्देश्य मरुस्थल की विशिष्ट जैव विविधता और पारिस्थितिक तन्त्र का संरक्षण था। सहारा दृथार बेसिन का 47% भाग इसके अन्तर्गत आता है, जिसमें सरीसृपों की 69% और स्तनपायी जीवों की 54: प्रजातियां सहारा–सम्बन्ध का प्रतिनिधित्व करती हैं। इस क्षेत्र का विशेष महत्त्व इसकी अनूठी जैव विविधता, और इसका अनूठा देशज जीव संरक्षण के लिये महत्त्व है। देशज प्रजाति के अनूठे प्राणियों में लौंगवाला टोड–हैडेड अगामा और सिन्ध औल–हैडेड सर्प का उदाहरण प्रमुख है।

वन विभाग के अनुसार यहां के सुदासरी खंड में 35 से 40 गोडावण और नाथ जी का टांका–रामदेवरा क्लोजर में 5 से 10 गोडावण विद्यमान हैं। अति संकटापन्न गोडावण के संरक्षण हेतु गोडावण परियोजना के अन्तर्गत अनेक नीतिगत निर्णय लिये गये हैं। इनमें से एक महत्त्वपूर्ण पहल है दृ गोडावण का संरक्षण प्रजनन, जिसके लिये विशेषज्ञों की राय से, और भारतीय वन्यजीव संस्थान के साथ मिल कर एक प्रजनन केन्द्र स्थापित किया गया है। काफी हद तक इस प्रयोग की सफलता पर गोडावण का भविष्य निर्भर करता है।

पर्यटकों के लिये जैसलमेर सबसे नजदीकी रेलवे स्टेशन है, जहां पर ठहरने की उत्तम व्यवस्थायें हैं। यहां से विभागीय अनुमति लेकर पर्यटक वाहन द्वारा सुदासरी क्षेत्र में विचरण कर सकते हैं।

सौंखलिया गोडावण क्षेत्र - राजस्थान में गोडावण की दृष्टि से महत्त्वपूर्ण, पर असंक्षित क्षेत्र अजमेर जिले के सौंखलिया नामक स्थान में स्थित है। यहां की अधिकतर भूमि निजी खेती की भूमि है, और यहां के खेतों में गोडावण और वर्षाकाल में अति संकटापन्न प्रवासी पक्षी खरमोर या लैसर फ्लोरिकन देखे जाते हैं।

सन 2001 तक बारां जिले के सोरसन शिकार निषिद्ध क्षेत्र में गोडावण पाये जाते थे। वर्तमान में यहां पर कृष्ण मृग और चिंकारा के अतिरिक्त आप्रवासी व स्थानीय पक्षियों की 150 से अधिक प्रजातियां पाई जाती हैं। शिकार निषिद्ध क्षेत्र की श्रेणी समाप्त होने के बाद, वर्तमान में यह वन्यजीवों की दृष्टि से असंरक्षित क्षेत्र है। इसे शीघ्रातिशीघ्र कम्यूनिटी या कंजरवेशन रिजर्व बनाने की आवश्यकता है।

जो स्थिति राजस्थान में सोरसन की हुई, वही स्थिति मध्य प्रदेश में करेरा और घाटीगांव सोनचिरैया अभयारण्यों की भी हुई है। इन स्थानों से भी गोडावण (स्थानीय नाम सोनचिरैया) लुप्त हो चुके हैं। लेकिन भविष्य में यदि संरक्षण प्रजनन द्वारा उत्पन्न हुए चूजों के पुनर्स्थापन के लिये नैसर्गिक क्षेत्रों की आवश्यकता हुई, तो उस के लिये सोरसन एक अत्यन्त उपयुक्त क्षेत्र होगा।

कच्छ घोरार अभयारण्य - गुजरात के कच्छ इलाके के नलिया तालुक में कच्छ घोरार (ग्रेट इंडियन बस्टर्ड) अभयारण्य स्थित है। इसे सन 1992 में स्थापित किया गया था, और इसका क्षेत्रफल 2.03 वर्ग किलोमीटर है। वन विभाग की गणना के अनुसार सन 2016 में अभयारण्य में 25 गोडावण देखे गये थे। यहां आने वाले पर्यटक नलिया तक ट्रेन द्वारा आ सकते हैं, जहां से यह स्थान 20 किलोमीटर दूर स्थित है। अहमदाबाद से इसकी दूरी 500 किलोमीटर और नखतराना से 60 किलोमीटर है।

नानज माल्धोक अभयारण्य - सोलापुर, महाराष्ट्र से 20 किलो मीटर दूर स्थित अभयारण्य की घोषणा सन 1979 में घोरार या ग्रेट इंडियन बस्टर्ड के संरक्षण हेतु की गई थी। मूलतः इसका क्षेत्रफल 8496 वर्ग किलो मीटर था, जिसे घटा कर 1222 वर्ग किलोमीटर कर दिया गया था। वन विभाग की गणना के अनुसार, यहां पर सन 2008 में 24, 2009 में 21, 2010 में 9, और 2011 में 13 गोडावण देखे गये थे। यहां आने के लिये पर्यटक ट्रेन द्वारा सोलापुर तक आते हैं, जहां से यहां तक आने के लिये निजी वाहन सुविधा मिल जाती है।

रोल्लापाडु ग्रेट इंडियन बस्टर्ड अभयारण्य - आंध्र प्रदेश के पूर्वी भाग में नल्लामलाई और येरामलाई पर्वत श्रेणियों के बीच के घास के मैदानी इलाके में यह अभयारण्य स्थित है। इसकी स्थापना सन 1988 में 6.14 वर्ग किलोमीटर के क्षेत्रफल में की गई थी। यहां से कर्नूल रेलवे स्टेशन की दूरी 45 किलोमीटर है। एक सर्वेक्षण के दौरान सन 2005 में लगभग 30 से 35 गोडावण यहां पर होने की सम्भावना व्यक्त की गई थी। लेकिन सन 2007 में माना जाने लगा था कि यह पक्षी स्थानीय रूप से लुप्त हो चुका है। सन 2017 की एक सूचना के अनुसार रोल्लापाडु अभयारण्य में गोडावण के दिखने की सम्भावना बहुत ही कम है।

संरक्षित क्षेत्र में जन अनुभूति (पर्सेप्शन) और सहभागिता (पार्टिसिपेशन)

जब भी वन्यजीव संरक्षण की योजना बनाई जाती है, या उसकी बात की जाती है, तब जन सहभागिता की बात सभी नीति निर्धारक जोर देकर करते हैं। जितने भी आलेख और प्रपत्र मैंने आज तक पढ़े हैं, वे सभी स्थानीय व्यक्तियों, हितग्राहियों और ग्रामीणों की संरक्षण और संरक्षित भूमि के प्रबन्धन में सहभागिता पर बल देते हैं। लेकिन यथार्थ यह है कि भारत के अधिकांश संरक्षित क्षेत्र, शासन या प्रबंधक तन्त्र और हितग्राही के बीच के तालमेल के अभाव की समस्या से जूझ रहे हैं। गोडावण चूंकि मूलतः चारागाहों, घास के मैदानों, कृषि क्षेत्रों और पड़ती की भूमि (अनुपजाऊ भूमि) में विचरण करते हैं, अतः उनके संरक्षण हेतु मानवीय गतिविधि मुक्त क्षेत्र निर्धारित करना एक कठिन कार्य है। यदि इन निर्णयों में स्थानीय हितग्राहियों को सम्मिलित न किया जाये, तो हमेशा के लिये एक संघर्ष की स्थिति बनी रहती है।

सन 1994 में मरु राष्ट्रीय उद्यान अभयारण्य के अन्तर्गत आने वाले गांवों के निवासियों की अभयारण्य के प्रबंधन में सहभागिता और उनकी गोडावण संरक्षण के प्रति अनुभूति का पता एक शोध–सर्वेक्षण के द्वारा लगाया गया था। इस सर्वेक्षण के लिये नार्वे के एक विश्वविद्यालय के शोधार्थी जैसलमेर आये थे, और उनके शोध में जो समस्यायें सामने आईं थीं, आश्चर्यजनक रूप से वे आज तक अनसुलझी हैं। इस बात का प्रमाण तब मिलता है, जब हम 2017 के वन विभाग के मास्टर प्लान और वन्यजीव संस्थान की नवीनतम प्रगति रिपोर्ट पढ़ते हैं। 1994 तक अभयारण्य की घोषणा हुए 15 साल हो चुके थे, पर शोधार्थियों ने पाया था कि एक बड़ी स्थानीय आबादी इस बात से अनभिज्ञ

है, और उसका कारण क्षेत्र को विधिक रूप से संरक्षण देने के सरकारी निर्णय के सम्प्रेषण में उदासीनता है। उस समय अभयारण्य क्षेत्र में केवल 37 गांव थे, जो कि किसी न किसी प्रकार से संरक्षित क्षेत्र की भूमि और वहां पैदा होने वाले प्राकृतिक उत्पादों पर निर्भर थे। शोधार्थियों ने सर्वेक्षण के दौरान पाया कि तब तक एक बड़ा परिवर्तन आने लगा था, और स्थानीय स्तर पर पशुपालन का स्थान खेती लेने लगी थी। उन्होंने पाया कि खेती के प्रति बढ़ते रुझान के बावजूद, गत तीन दशकों में पालतू पशुओं की संख्या में वृद्धि हुई थी, वहीं दूसरी ओर उनके लिये आवश्यक चारे के संसाधनों में कमी आई थी। खेती के लिये सम्भावित भूमि पर सरकारी नियंत्रण और बृहद क्षेत्र में चराई की मनाही के कारण स्थानीय लोगों में अभयारण्य के प्रति असन्तोष उपज रहा था। चारागाहों की उचित प्रबंधन व्यवस्था भी नहीं थी।

वन विभाग द्वारा अभयारण्य प्रबंधन के अन्तर्गत ग्रामीणों को भूमि का आवंटन बन्द कर दिया गया था, और खेती व चारे की जमीन की बाड़ाबन्दी कर दी गई थी। सर्वेक्षण के दौरान पता चला कि उस समय संरक्षित क्षेत्र में जंगली पशुओं द्वारा फसल का नुक्सान नगण्य था, लेकिन आगे चल कर इसके टकराव का कारण बन सकने की सम्भावना थी। मरु राष्ट्रीय उद्यान अभयारण्य के प्रबंधन में स्थानीय सहभागिता की कमी थी। सर्वेक्षण में भाग लेने वाले अधिकांश ग्रामीणों का मानना था कि वन्यजीवों का संरक्षण आवश्यक है, पर इसके लिये उनसे उनके प्राकृतिक संसाधन नहीं छीने जाने चाहिये। स्थानीय परिस्थिति यह थी कि खेती किसान अपनी जमीन पर करते थे, जब कि पशुपालन के लिये गोचर भूमि या पड़त की भूमि का उपयोग किया जाता था। अभी तक यहां के निवासियों को घर बनाने के लिये आवश्यक सामान और जलाऊ लकड़ी की जरूरत गांव के समीप ही पूरी हो जाती थी, और उसके चुक जाने पर वे गांव के पास की पड़त की भूमि से इनकी कमी पूरी कर लेते थे। इस सर्वेक्षण के समय इंदिरा गांधी नहर परियोजना का प्रथम चरण पूरा हो चुका था, और सरकार ने नहर के पास की भूमि कृषकों को आवंटित करनी आरम्भ कर दी थी। जिसके कारण नहरी क्षेत्र में बाहरी लोगों का आना शुरू हो गया था, जो कि सामाजिक असंतुलन का कारण बन रहा था। नहर के पानी के रिसाव और दुरुपयोग के कारण स्थानीय पर्यावरण और फसल–तन्त्र खराब हो रहा था। नहरों के किनारे झीलें बन गई थीं, और भूमि

पर नमक का जमाव बढ़ गया था। (वर्तमान में जब नहर परियोजना पूरे क्षेत्र में फैल चुकी है, तब यह समस्या भी सर्वव्यापी हो गई है)।

गोचर और पड़त की जमीन के उपयोग के लिये प्रायः ग्रामीण समाज में एक अलिखित आचार संहिता का पालन होता था। लेकिन शोध के समय में इस साझा सम्पत्ति का खेती के लिये दुरुपयोग शुरू हो गया था। गोचर भूमि की जिम्मेदारी सरकार सामान्यतः पंचायतों को देती है, पर देखा गया कि चराई के लिये उपयोग में आने वाली गोचर भूमि की स्थिति अत्यन्त खराब हो गई थी, या उस पर खेती के लिये अतिक्रमण हो गया था। गोचर की ऐसी स्थिति के लिये जिम्मेदार प्रति मवेशी भूमि की कमी थी। प्रति दस मवेशियों पर 0.8 हेक्टेअर भूमि का आवंटन किया जाता था, पर इसमें गांव की भेड़–बकरियों की गिनती सम्मिलित नहीं थी। जब गोचर में घास समाप्त हो जाती है, तो पशुपालक पड़त की ओर रुख करता है। ऐसे समय में उसका रास्ता गोचर से होकर गुजरता है, और इन सभी बातों का नतीजा यह होता है कि गोचर भूमि खराब होती जाती है। 1994 में वन विभाग संरक्षित क्षेत्र में स्थानीय साझा प्रबंधन को महत्त्व नहीं दे रहा था। वर्तमान में पड़त पर पंचायतों को अधिकार देने के स्थान पर सरकार या तो उसकी बाड़ाबन्दी कर रही थी, या फिर उसे खेती या खनन के लिये दे रही थी। शोध पत्र के अनुसार अच्छा हो यदि अनुपयोगी पड़त पर गोडावण संरक्षण के लिये बाड़े बना दिये जायें, जिससे कि स्थानीय निवासियों और संरक्षण कार्य के बीच संघर्ष की स्थिति पैदा ही न हो।

सर्वेक्षण में पाया गया कि अधिकांश लोगों का विचार था कि गोडावण और चिंकारे को बचाने के लिये अभयारण्य की घोषणा की गई है, पर वे इस बात से अवगत नहीं थे कि यह करने की आवश्यकता क्यों पड़ गई है। लोगों की जानकारी का स्त्रोत अभयारण्य प्रबंधन न होकर राजस्व विभाग है, जिसका दृष्टिकोण सर्वथा भिन्न होता है। इस कारण से स्थानीय हितग्राही अपने भविष्य के प्रति आशंकित थे, और उनमें संरक्षित क्षेत्र के लिये विरोध बढ़ रहा था। वन विभाग द्वारा कई स्थानों पर सूचना पट्ट लगवाये गये हैं, पर अशिक्षा को देखते हुए उनकी उपयोगिता नगण्य है। वन विभाग के कर्मचारियों को ग्रामीण बाड़ाबन्दी करने वाला और अड़ंगे लगाने वाला समझते हैं। कल तक जिस भूमि पर वे बिना रोक–टोक विचरण करते थे, अब वहां जाने से उन्हें रोका जाने लगा था। उन्हें अपने विस्थापन का भय भी सता रहा था।

रिपोर्ट में लिखा है कि स्थानीय नागरिकों को पता ही नहीं है कि वे किस प्रकार मरु राष्ट्रीय उद्यान के कार्यों से जुड़ सकते हैं। लगभग 94% लोग चाहते थे कि वन्यजीवों का संरक्षण हो, पर वे रोक–टोक नहीं चाहते हैं। उनका तर्क है कि पुरातन काल से वे लोग और वन्यजीव इस क्षेत्र में साथ–साथ फल–फूल रहे हैं, और उनके बीच किसी प्रकार का संघर्ष नहीं रहा है। अतः यदि सरकार को उनकी गतिविधियों को नियंत्रित करना है, तो उनकी आजीविका, भोजन और जलावन की व्यवस्था करनी चाहिये। 70% लोग अभयारण्य की गतिविधियों में भागीदारी चाहते थे। संरक्षित क्षेत्र की सफलता ग्रामीणों, प्रबंधन, स्वयंसेवी सस्थाओं, शोध संस्थाओं और अन्य सरकारी विभागों के आपसी तालमेल पर निर्भर करती है। इस शोध में जो समस्यायें सामने आईं, उनमें मुख्य हैं – मरु राष्ट्रीय उद्यान के प्रबंधन में समेकित पद्धति का अभाव, कार्ययोजना की पालना का अभाव, जिसमें विशेष रूप से शिक्षा, शोध और पर्यटन शामिल हैं। गांव की साझा सम्पदा पर जिन संस्थाओं का अधिकार है, वे कमजोर हैं। आवश्यक है कि पंचायतों, स्थानीय प्रशासन व राज्य सरकार के बीच संरक्षण को लेकर समन्वय हो।

वर्तमान में मरु राष्ट्रीय उद्यान अभयारण्य के क्षेत्र में निवास करने वाले नागरिकों की गोडावण संरक्षण के प्रति अनुभूति, सहभागिता और उनकी आशा व अपेक्षाओं को समझने के लिये अभयारण्य प्रबंधन द्वारा तैयार किये गये मास्टर प्लान के तथ्यों का अध्ययन आवश्यक है। सन 2017–2027 के मास्टर प्लान के अनुसार अभयारण्य में केवल 50.76 वर्ग किलोमीटर क्षेत्र वन विभाग के अन्तर्गत आता है, जिसका विभाजन संरक्षित और अवर्गीकृत क्षेत्रों में किया गया है। जैसलमेर जिले में 1123.43 हेक्टेअर अवर्गीकृत वन क्षेत्र है, जब कि बाड़मेर जिले में 1315.35 हेक्टेअर अवर्गीकृत और 2637.74 हेक्टेअर संरक्षित वन क्षेत्र है। इसी तरह जैसलमेर जिले के अभयारण्य क्षेत्र के अन्तर्गत आने वाली 158396 हेक्टेअर भूमि राजस्व, 21335 हेक्टेअर निजी, 7101 हेक्टेअर गोचर और 1472 हेक्टेअर भूमि अन्य श्रेणी की है। बाड़मेर जिले में भूमि का वितरण इस प्रकार है। 51734 हेक्टेअर राजस्व, 59647 हेक्टेअर निजी और 28642 हेक्टेअर गोचर। मास्टर प्लान के अनुसार अभयारण्य क्षेत्र में 88 गांव व अनेक ढाणियां है। 2005 के बाद के दशक में चिंकारा, सांढा, भटतीतर, गोह, तिल्लोर, लोमड़ी के शिकार की शिकायतें वन विभाग में हुई हैं। सन 2012 और 13 में एक–एक गोडावण के शिकार की पुष्टि हुई है। अभयारण्य क्षेत्र में खेती

के लिये अतिक्रमण सामान्य है। इसके अतिरिक्त विभाग ने भी वही समस्याओं का जिक्र किया है, जिनकी बात पहले वाले शोध–सर्वेक्षण में भी की गई थी। संरक्षित क्षेत्र के प्रति स्थानीय निवासियों का विरोध बढ़ता जा रहा है। इसका कारण यह है कि उनको सरकार की विकास योजनाओं का लाभ नहीं मिल पा रहा है, जो संरक्षित क्षेत्र के बाहर वाले गांवों को मिलता है। पशुपालक भी वन प्रबंधकों से नाराज हैं, क्योंकि वे उनके मवेशियों को चराई से रोकते हैं। भविष्य में जो समस्यायें बढ़ सकती हैं, उनमें विभाग ने बढ़ती हुई मवेशियों की संख्या, सम के धोरों में पर्यटन (गंदगी और अपशिष्ट), रिफायनरी आदि को सम्मिलित किया है।

मास्टर प्लान में विभाग ने अपने लिये जो लक्ष्य निश्चित किये हैं, उनमें प्रमुख है गोडावण की संख्या में वृद्धि लाना, ग्रामीणों के फायदे के लिये पारिस्थिति–पर्यटन, पारिस्थिति–विकास, और संरक्षण का ऐसा माडेल लागू करना जिसमें सभी हितग्राहियों का संयुक्त हित निहित हो। इन उद्देश्यों की पूर्ति में आ सकने वाले 9 अवरोधों को विभाग ने पहचाना है। स्थानीय नागरिकों का विरोध, संवहनीय पारिस्थिति–पर्यटन की जगह पर्यटकों की भीड़, सतत पर्यावरण शिक्षण कार्यक्रम चलाने में सक्षम समूह का अभाव, और विभागीय व गोचर भूमि के पुनः संरक्षण कार्यों में उपयोग का विरोध जैसे अवरोध प्रमुख हैं।

मरु राष्ट्रीय उद्यान अभयारण्य के विकास में अवरोध बने उपरोक्त मानवीय कारणों का जो निदान मास्टर प्लान में सुझाया गया है, उसके मुख्य बिन्दु इस प्रकार हैं। सर्वप्रथम तो वन विभाग के अन्तर्गत चलने वाले सभी संरक्षण व निर्माण कार्यों में स्थानीय लोगों को प्राथमिकता दी जायेगी। माननीय सुप्रीम कोर्ट द्वारा जो गतिविधियां और कार्य संरक्षित क्षेत्रों में स्वीकृत किये गये हैं, वे सम्बन्धित विभाग बिना रोक–टोक के चला सकेंगे। इन कार्यों में प्रमुख हैं, – पीने के पानी की व्यवस्था, खेती के लिये बिजली वितरण, संचार सुविधायें, कुंये, हैंडपम्प, टांकों का निर्माण, पाठशाला, खेल के मैदान, चिकित्सा केन्द्र, आंगनबाड़ी केन्द्र, और शौचालय का निर्माण आदि। आशा की जाती है कि इन सुविधाओं को प्राप्त करके स्थानीय निवासियों का संरक्षण के प्रति उत्साह बढ़ेगा, और अभयारण्य के प्रति उनकी सोच सकारात्मक बनेगी।

मास्टर प्लान की कार्यनीति के अनुसार स्थानीय निवासियों की सहभागिता बढ़ाने के लिये, एक समावेशी कार्य योजना तैयार की गई है, जिसमें मवेशियों

का टीकाकरण, पारिस्थिति पर्यटन की नवीन सम्भावनाओं की खोज और उसका नये क्षेत्रों में विकास, गैर सरकारी संगठनों (एन. जी. ओ.) के सहयोग से स्थानीय भोज्य उत्पादों (कैर, सांगरी, मतीरा, घी आदि) की गुणवृद्धि और ब्रांडिंग सम्मिलित किये गये हैं। प्रबंधन का विचार है कि पारिस्थिति पर्यटन में स्थानीय लोगों को आजीविका का साधन मिलने पर, उनकी खेती और पशुपालन पर निर्भरता कम हो जायेगी। उन्हीं में से पर्यटन गाईड प्रशिक्षित किये जायेंगे, और उन्हीं को संवहनीय पर्यटन के अवसर प्रदान किये जायेंगे।

संरक्षण के प्रति सकारात्मक सोच बढ़ाने के लिये विद्यालय व महाविद्यालय के छात्रों व शिक्षकों, वकीलों, और संचार माध्यम (टीवी, रेडियो, समाचारपत्र) से जुड़े हुए लोगों के लिये नियमित नेचर कैम्प लगाये जायेंगे। इसमें गैर सरकारी संस्थाओं (एन. जी. ओ.) की मदद ली जायेगी। वन कर्मियों के प्रशिक्षण के लिये स्वयंसेवी व्यक्तियों (वालन्टरी कार्यकर्ता) की सहायता ली जायेगी। उपरोक्त उपायों से विभाग स्थानीय लोगों में वन्यजीव संरक्षण और उसके लिये किये जा रहे उपायों के प्रति सहानुभूति पैदा करने का प्रयास करने का इक्षुक लगता है। इसके अतिरिक्त ऐसे भी उपाय लिये जायेंगे, जिनसे स्थानीय लोगों की सामाजिक व आर्थिक स्थिति में सुधार हो। इस उद्देश्य की प्राप्ति के लिये गोचर भूमि का विकास किया जायेगा, जिससे कि वन्यजीव संरक्षण के लिये निर्मित बाड़ों को तोड़ने या अतिक्रमण की आवश्यकता ही न पड़े। मानवीय व पालतू पशुओं के उत्तम स्वास्थ्य के लिये काम किया जायेगा।

वन विभाग के दस वर्षीय मास्टर प्लान के बाद एक दृष्टि भारतीय वन्यजीव संस्थान की दो वर्ष की गतिविधियों पर जारी की गई रिपोर्ट पर भी डालना आवश्यक है। इस रिपोर्ट में भी उपरोक्त सभी मुद्दों और उनसे जुड़ी हुई समस्यायों के निदान हेतु गत दो वर्षों में किये गये उपायों का उल्लेख है। संस्थान के शोधार्थियों ने जैसलमेर जिले के विद्यालयों में प्रकृति संरक्षण शिक्षा के कार्यक्रम संचालित किये, जिनमें स्थानीय जैविक विविधता का पारिस्थितिक महत्त्व बताया गया। इस काम के लिये चित्रकला प्रतियोगिता, चलचित्र प्रदर्शन, और खेलों को शिक्षा का माध्यम बनाया गया। स्थानीय पर्यटक गाईड, वन विभाग के क्षेत्रीय कर्मचारी व वन्यजीव संरक्षण में रुचि रखने वाले व्यक्तियों के लिये डा. असद रहमानी के नेतृत्व में क्षमता विकास शिविर का आयोजन किया गया। इस कार्यक्रम में भाग लेने के लिये बड़ी संख्या में स्थानीय लोग भी आये, जो कि परियोजना के लिये उत्साहवर्धक संकेत है। (आश्चर्य की बात

है कि प्रगति पुस्तिका में जो छाया चित्र लगाये गये हैं, उनमें एक भी स्थानीय ग्रामीण दिखाई नहीं दे रहा है, और उससे भी बड़ी बात कि पोस्टर इत्यादि सामग्री आंग्ल भाषा में दिखाई दे रही है)। विश्व प्रकृति निधि के दिल्ली केन्द्र में वन एवं पर्यावरण मंत्रालय के प्रतिनिधियों, राजस्थान वन विभाग के अधिकारियों, संरक्षणवादी संस्थाओं के सदस्यों, विद्युत उत्पादन कम्पनियों के प्रतिनिधियों, विधि विशेषज्ञों और संचार माध्यम के व्यक्तियों के लिये संवेदीकरण या जागरूकता कार्यशाला का आयोजन किया गया। (कितनी उपयोगी? पाठक स्वयं निर्णय करें)। जैसलमेर में आयोजित मरु उत्सव में एक प्रदर्शनी लगाई गई, जिसमें अनेक माध्यमों से संरक्षण शिक्षा, जागरूकता व महत्त्वपूर्ण स्थानीय जीव–जन्तुओं के महत्त्व का सम्प्रेषण किया गया। इसके अतिरिक्त जितने भी विधिक व अन्य कार्यक्रम किये गये, उनका स्थानीय समस्यायों से कोई सीधा सम्बन्ध नहीं था। इसके बाद वन्यजीव संस्थान ने अपनी प्रगति पत्रिका में उन पोस्टरों, बैनरों, पत्रिकाओं आदि के चित्र दिये हैं, जिनकी सहायता से प्रकृति संरक्षण के प्रति जागरूकता बढ़ाई गई। (प्रपत्र में छपे छायाचित्रों में जो शिक्षण और जागरूकता के लिये तैयार की गई सामग्री दिख रही है, वह सभी आंग्ल भाषा में है। उसकी स्थानीय लोगों के लिये कितनी उपयोगिता होगी, वह विचारणीय है। कहीं भी स्थानीय भाषा का उपयोग नहीं किया गया है)।

प्रगति प्रपत्र में लिखा है कि आगे चल कर स्थानीय नागरिकों की गोडावण और उसके नैसर्गिक आवास के प्रति अनुभूति और उनके रवैये का सर्वेक्षण किया जायेगा। संस्थान द्वारा जो आर्थिक–सामाजिक सर्वेक्षण किया गया था, उसमें पाया गया कि संरक्षित क्षेत्र के अंदर रहने वाले लोग चारागाहों की दुर्गति, क्षेत्रीय प्रबंधन में सहभागिता के अभाव, पीने के पानी की अनुपलब्धता, और पशु चिकित्सा केन्द्रों की कमी से प्रभावित हैं। 97 प्रतिशत लोगों ने कहा कि उन्हें अभयारण्य से कोई लाभ नहीं हुआ है। 77 प्रतिशत लोगों के अनुसार उन्हें पर्यटन से भी कोई लाभ अभी तक नहीं हुआ है। लगभग सभी ग्रामीणों का कहना है कि वन्यजीवों की आबादी में भी गिरावट आई है।

जब हम 1994 के शोध–सर्वेक्षण, विभागीय दस–वर्षीय मास्टर प्लान या कार्ययोजना और विगत दो वर्षों के वन्यजीव संस्थान के प्रगति प्रपत्र को देखते हैं, तो पाते हैं कि स्थानीय निवासियों की अभयारण्य के प्रति जो अनुभूति, उनकी जो समस्यायें और संरक्षण कार्यक्रम में आने वाले जो अवरोध 1994 में थे, वे ही उसके 26 वर्ष बाद भी विद्यमान हैं। यह बात केवल मरु राष्ट्रीय

उद्यान पर ही लागू नहीं होती, वरन कच्छ, रोल्लापाडु और नानज संरक्षित क्षेत्रों की स्थिति भी लगभग ऐसी ही है। स्थानीय निवासियों की समस्यायों का समाधान ढूंढ़ा नहीं जा सका है, और उनका संरक्षित क्षेत्र के प्रति दृष्टिकोण मित्रवत नहीं है।

हितग्राहियों की सहभागिता, और संरक्षण शिक्षा व जागरूकता की जमीनी हकीकत

मजे की बात है कि उपरोक्त सभी सामग्री, जैसे कि विभागीय मास्टर प्लान, वन्यजीव संस्थान का प्रगति प्रपत्र व शोध लेख जिस भाषा में लिखे गये हैं, उसे स्थानीय निवासियों, हितग्राहियों और पंचायतों के लिये समझना असम्भव है। जब वे इन दस्तावेजों को उनके मूल रूप में नहीं पढ़ पाते हैं, तो वे सुनी–सुनाई बातों पर विश्वास करने को मजबूर होते हैं। इस कारण से भ्रम की स्थिति बनी रहती है। क्षेत्र में तैनात स्थानीय वन कर्मी, जिनका संरक्षित क्षेत्र के निवासियों से प्रतिदिन का वास्ता पड़ता है, वे भी इन दस्तावेजों को समझने में असमर्थ होते हैं, और विभाग के वरिष्ठ अधिकारी न तो स्थानीय भाषा, आचार–व्यवहार व संस्कृति को समझते हैं, और न ही उनका नीचे के कर्मचारियों के साथ सतत संवाद होता है। लगभग यही स्थिति बाहर से आये हुए कथित विषय–विशेषज्ञ वैज्ञानिकों व गैर सरकारी संस्थायों (एन. जी. ओ.) के कार्यकर्ताओं की होती है। यहां हमारे लिये स्वयसेवी संस्थाओं (वालन्टरी) और गैर सरकारी संस्थाओं (एन. जी. ओ.) के बीच का अन्तर जानना भी आवश्यक है। एक तरफ स्वयंसेवी के लिये जहां वैचारिक प्रतिबद्धता मुख्य प्रेरक तत्व होता है, वहीं दूसरी ओर गैर सरकारी संस्थाओं में वेतन भोगी कर्मचारी होते हैं। देखा जाता है कि अनेक वेतन भोगी कर्मचारी भी अपने कार्य के प्रति समर्पित होते हैं, पर भारतीय परिदृश्य में सभी बेहतर भविष्य के लिये ऊंची तनखा वाली नौकरी प्राप्त करना चाहते हैं, जिसके कारण उनमें स्थायीत्व की कमी होती है। वहीं स्वप्रेरित स्वयंसेवी अधिकतर स्थानीय होता है, और अपने ध्येय के प्रति समर्पित होता है। मैंने स्वयं अपने तीस वर्ष से अधिक के स्वयंसेवी अनुभव में पाया है कि हमारा निस्वार्थ समर्पण वेतन भोगी सरकारी व गैर सरकारी कर्मचारियों के लिये प्रेरणा स्त्रोत होता था। एक अन्य अनुभवजन्य महत्त्वपूर्ण बात जो मेरे सामने आई, वह थी, सभी स्तर के सरकारी कर्मचारियों का स्वयंसेवी संस्था के सदस्यों के प्रति विश्वास और सहयोग। सरकारी तन्त्र

की अनुक्रमीय (हायरार्किकल) व्यवस्था में बहुधा देखने को मिलता है कि नीचे का कर्मचारी अपनी जमीनी (फील्ड से सम्बन्धित) समस्यायें या सुझाव, अपने अधिकारियों को बताने में हिचकते हैं। ऐसे समय में वे ईमानदार स्वयंसेवी को अपने सुझाव देते हैं, जो उन्हें अधिकारियों तक पहुंचाने में सहायक साबित होता है। मैंने अपने अनुभव में पाया है कि प्रायः अधिकारी भी इन सुझावों को खुले हृदय से स्वीकार करते हैं। एक अच्छा स्वयंसेवी कार्यकर्ता वही है, जो सरकारी तन्त्र और हितग्राही के बीच सामंजस्य स्थापित कर सके, क्योंकि संरक्षित क्षेत्र के आसपास रहने वाला और उससे प्रभावित होने वाला ग्रामीण भी निस्वार्थ स्वयंसेवी की बात आसानी से मान लेता है। इसका एक प्रमुख कारण यह भी है कि वह व्यक्ति उनके बीच का होता है, न कि बाहर से आया हुआ अजनबी, जिसे वे शंका की दृष्टि से देखते हैं। आशा की जानी चाहिये कि नीति निर्धारक और प्रशासनिक अधिकारी स्थानीय स्वयंसेवी संस्थाओं को अधिक से अधिक महत्त्व देंगे। जानकार सूत्रों से पता चला है कि लगभग 7–8 बाहरी गैर सरकारी संस्थायें मरु राष्ट्रीय उद्यान अभयारण्य क्षेत्र में कार्यरत हैं, पर उनकी उपस्थिति जमीन से अधिक कागजों में है।

जैसलमेर के स्वयंसेवी कार्यकर्ता मालसिंह जामड़ा ने बताया कि वे विगत एक दशक से मरु राष्ट्रीय उद्यान में गोडावण संरक्षण के कार्य में लगे हुए हैं। वे और उनके साथी एक स्वयंसेवी संस्था 'गोडावण संरक्षण सोसायटी' के नाम से संचालित कर रहे हैं, जो कि गोडावण की सुरक्षा और स्थानीय ग्रामीणों की अपेक्षाओं के बीच सामंजस्य स्थापित करने में प्रयासरत है। इसके अतिरिक्त उनकी संस्था ने नशामुक्ति पर बहुत काम किया है, और वर्तमान में वे एक विद्यालय चला रहे हैं, जिसमें संरक्षण शिक्षा का काम मुख्य रूप से किया जा रहा है। उनके अनुसार राष्ट्रीय उद्यान के अन्तर्गत 73 गांव और 200 ढाणियां हैं, जिनमें लगभग डेढ़ लाख व्यक्ति और उनके लगभग 6.5 लाख मवेशी रहते हैं। उन्होंने बताया कि पेयजल का प्रबंध, विद्युतीकरण, आंगनवाड़ी, चिकित्सालय और शाला भवनों का निर्माण जैसे विकास कार्य हुए हैं, पर पशुओं के लिये चारा ग्रामीणों की मुख्य समस्या है, जिसका निराकरण आवश्यक है। इसके अतिरिक्त जलावन की समस्या से मुक्ति के लिये सरकार को कुछ छूट सहित रसोई गैस उपलब्ध करानी चाहिये। स्थानीय लघु व कुटीर उद्योगों के विकास में सहायता करनी चाहिये, जिससे कि स्थानीय लोगों को आय का वैकल्पिक साधन मिल सके। इनमें से कुछ सुझावों को मास्टर प्लान

में जगह मिली है, और आशा की जानी चाहिये कि इन पर शीघ्र ही अमल किया जायेगा।

गोडावण की अपील

पुस्तक के आरम्भ में मैंने अपनी बात सामान्य शब्दों में पाठकों के सम्मुख रखी है, और उत्तरगामी पन्नों में आपके सामने वैज्ञानिक दृष्टिकोण भी प्रस्तुत किया है। अन्त में मेरा अपने सुधी पाठकों से अनुरोध है कि वे हमारे संरक्षण में किये जाने वाले सभी प्रयासों में सहयोग करें। अन्यथा ऐसा न हो कि आपका और मेरा हजारों वर्षों का जो साथ था, वह इस शताब्दी में छूट जाये, और आपको हमेशा के लिये यह आत्मग्लानि रह जाये कि जब मुझे बचाया जा सकता था, तब आपने समुचित प्रयास नहीं किये। मेरी और मेरे जैसे अनेक संकटापन्न वन्यजीवों की जीवनशक्ति बहुत है, पर वर्तमान के बदलते हुए परिदृश्य के कारण जो संकट की घड़ी आ गई है, उसमें आपका सहयोग अपेक्षित है। मेरी बात सुनने और मेरी कथा पढ़ने के लिये पाठकों का हृदय से धन्यवाद।

16. लोक गीतों में गोडावण

पश्चिमी मरुस्थलीय राजस्थान के जनमानस में गोडावण किस प्रकार रचा–बसा है, वह हमें यहां के लोकगीतों और कथानकों में देखने को मिलता है। लोक गायक को गोडावण की जीवनचर्या, भोजन, ध्वनि, स्वरूप आदि का कितना सटीक ज्ञान था, यह इन लोकगीतों से स्पष्ट हो जाता है। वर्षाकाल में गोडावण का आना, और सावन, भादों इत्यादि महीनों में उसकी व तिलोर की गतिविधियों का वर्णन इन गीतों में देखने को मिलता है। राजस्थान में हौबारा को तिलोर कहते हैं, जो कि एक प्रवासी 'बस्टर्ड' है। मारवाड़ी लोक साहित्य के जानकार श्री राकेश रामावत ने जानकारी देते हुए बताया कि नारायण सिंह भाटी ने 'जेसाणे रा पखेरू गीत' नामक पुस्तक में इन लोकगीतों का संकलन किया है। 1982 की 'परम्परा' पत्रिका में इससे सम्बंधित गीत छपे थे।

सांवण महिने गोडाण रो आवणो, झाटक बिछवो आट
हरियो पलंग जोणों ढलावियों, मैं तो गैरोड़ी सूता हामें नींद्।

गोडावण के रूप का वर्णन इन पंक्तियों में मिलता है –

राता रा नैण इण गोडाण रा रे, सीसड़ो रे खारी चीमड़ी थाय

थारी बैवणी रो मनों कोड़ सांगरिया, उड़े उड़ पंख बनाय।

लोक गायक कहता है कि बेर की झाड़ी में मीठे–मीठे बेर लग रहे हैं, जिसे गोडावण और तिलोर चुग–चुग कर खा रहे हैं। इसलिये तो दोनों उड़ कर जैसलमेर की ओर आ गये हैं। जिस प्रकार समयानुकूल वनस्पतियों, फसलों और वातावरण का चित्रण किया गया है, वह दर्शाता है कि लोक मानस कितना संवेदनशील है, और कुशाग्र बुद्धि है। उसकी अवलोकन क्षमता कितनी सटीक है, और भावनायें कितनी सच्ची हैं।

बोरड़ी में हांजी बोर मीठोड़ा, गोडाण तिलोर चुग खाय

अरे उड़े आपों दोय मगरिये बैसों, जावों रे जेसाणे रो देश।

ताल–तलैयों के भर जाने पर मोर मल्हार गाते हुए, गोडावण और तिलोर को निमंत्रण देते हुए कह रहा है कि अब तो अच्छा शगुन विचार कर के तुम यहां आ जाओ। यह सुनने पर गोडावण शुभ शगुन देख कर मरुस्थल के मगरे में निवास करने के लिये उड़ चला।

सुगन विचार गोडाण उड़ियो रे, मगरिये माथे रेवास

गोडावण और पारधी शिकारी के बीच का संवाद अत्यन्त मार्मिक है। जैसा कि हम जानते हैं कि पारधी राजस्थान की एक शिकारी जनजाति है। भोला–भाला गोडावण शिकारी से पूछता है कि सुनो – मैंने तुम्हारा क्या बिगाड़ा है, मैं तो शांतिपूर्वक वन में निवास करता हूं, मेरा शहर–नगर से क्या सम्बंध है?

कहे गोडाण सुण पारधी, मैं काईं रे किये थारो बिगाड़।

वन में में रेवों वन में बसौं, अरे नहीं रे सैर न नगर।

बुंदेलखंड में गोडावण को सोनचिरैया कहते हैं। कुछ दशक पहले तक शिवपुरी के पास स्थित करेरा और घाटीगांव से लेकर, दमोह, सागर, पन्ना, और छतरपुर जिलों के अनेक स्थानों पर सोनचिरैया पाये जाते थे। सोनचिरैया का विरूपण शगुन सूचक पक्षी के रूप में बुन्देली लोकगीतों में किया गया है।

ओ मेरी सोनचिरैया, तुम शुभ–शुभ सगुन विचारियो।

कच्छ व दक्षिण भारतीय भाषाओं के लोकगीतों में भी गोडावण का चित्रण मिलता है।

17. संदर्भ

जाति वृत्त या फायलोजेनी :

- क्रिस्चियन पित्रा, डीटमार लाइकफेल्ट, सिल्क फ्रेनर्ट और जोर्न्स फिकेल (2002), मौलीक्यूलर फायलोजेनेटिक्स एंड इवौल्यूशन, 23 (1), 63–74.
- ओलाफ ब्रोडर्स, टिम ओस्बोर्न और माईकेल विंक (2003), जर्नल औ. र्निथोलोजी, 144, 176–185.
- कैलन कोहन (2011), पी. एच. डी. शोध प्रबंध, यूनीवर्सिटी आफ केपटाउन.

गोडावण पुराप्राणी :

- पी.पी. जोगलेकर (2016) ग्रेट इंडियन बस्टर्ड इन आर्किओफौनल रिकौर्ड, इला जर्नल औफ फोरेस्ट्री एंड वाइल्डलाईफ, 5(2)रू 221–222.

आबादी :

- टी. सी. जेर्डन (1864) बर्ड्स आफ इंडिया, जौर्ज वाईमन एंड कम्पनी, कलकत्ता.
- असद रहमानी और रंजीत मनकदन (1990) बम्बई नेचुरल हिस्टरी सोसायटी जर्नल, 87 (2), 175–194.
- राहा और विभुप्रकाश (2001) बम्बई नेचुरल हिस्टरी सोसायटी जर्नल, 98 (1), 110–11.
- सुतीर्थ दत्ता, असद रहमानी और यादवेन्द्र देव झाला (2010) यूरोपियन जर्नल औफ वाईल्डलाईफ रिसर्च.
- अलीम अहमद खान, इमरान खलीक, मुहम्मद जमशेद इकबाल चौधरी, अमजद फारूक और नाजिम हुसैन (2008) करेंट साईंस, 95 (8), 1079–1082.
- मोहम्मद गौस और पी. इंदिरा (2015) बायोसाईंस डिसकवरी, 6 (1), 53–57.
- सुतीर्थ दत्ता, गोविंद सागर भारद्वाज, देवेन्द्र कुमार भारद्वाज और वाय. वी. झाला (2014) वाइल्डलाइफ इंस्टीट्यूट औफ इंडिया और राजस्थान वन विभाग की सर्वक्षण रिपोर्ट, 31 पृष्ठ.

– बेकर, स्टुआर्ट (1912) दि गेम बर्ड्स औफ इंडिया, ए सेंचुरी औफ नेचुरल हिस्टरी (1983), बाम्बे नैचुरल हिस्टरी सोसायटी, 505–513.
– थोसार, गोपाल, रमेश लडखेडकर, अनिल पिम्पलपुरे, और राजू कसाम्बे (2007) स्टेटस एंड कन्जर्वेशन औफ ग्रेट इंडियन बस्टर्ड्स इन विदर्भ, मिस्टनेट, 8 (3), 10–11.

प्राकृतिक आवास :

– यदगे, अनिल एस., पूनम पाटेकर, आर.एस. गवली और वी.वी. गवदे (2011) हैबिटट सूटेबिलिटी माडेलिंग फार ग्रेट इंडियन बस्टर्ड इन सोलापुर डिस्ट्रिक्ट – ए जिओइन्फर्मेटिक्स एप्रोच. ई.एस.आर.आई. इंडिया यूजर कान्फरेंस 2011.
– मुंजपारा, संदीप, सी. एन. पांडे और भरत जेठवा (2012) हैबिटाट यूज बाय दि ग्रेट इंडियन बस्टर्ड इन ब्रीडिंग एंड नौन–ब्रीडिंग सीजन्स इन कच्छ, गुजरात, इंडिया, जर्नल औफ थ्रेटन्ड टैक्सा, 5(2) : 3654–3660.
– भारद्वाज, गोविंद सागर, के. आर. अनूप, प्रेरणा शर्मा, सुरेश कुमार (2017) रोल आफ हर्बेशियस वेजीटेशन इन हैबिटाट यूटिलाइजेशन बाय क्रिटिकली एन्डेंजर्ड ग्रेट इंडियन बस्टर्ड इन दि इंडियन थार डेजेर्ट, इंडियन फौरेस्टर, 143 (10): 975–984.

व्यवहार :

– असद रहमानी और रंजीत मनकदन (1986), बम्बई नेचुरल हिस्टरी सोसायटी जर्नल, 83 (1), 17–31.
– असद रहमानी और रंजीत मनकदन (1987), बम्बई नेचुरल हिस्टरी सोसायटी जर्नल, 84(2), 317–331.
– असद रहमानी (1991), रेव. इकोल., 46, 53–64.
– हिपार्गी, आर., प्रसाद बोल्डे, ए. बोल्डे (2016) इकोलोजिकल इम्पौर्टेन्स आफ फुटप्रिंट एंड डस्ट बाथ इम्प्रिंट्स, इला जर्नल औफ फोरेस्ट्री एंड वाइल्डलाइफ, 5(2), 199–205

भोजन :

– भारत भूषण और असद रहमानी (1992), बम्बई नेचुरल हिस्टरी सोसायटी जर्नल, 89(1).27–40.

– हिप्पार्गी, बोल्डे और बोल्डे (2015), एला फौरेस्ट्री एंड वाइल्डलाइफ जर्नल, 4–4. 96–100.
– गुप्ता, पी. डी. (1975), बम्बई नेचुरल हिस्टरी सोसायटी जर्नल, 71 (2). 303–304.
– कुलकर्णी, बी. एस. (1981), बम्बई नेचुरल हिस्टरी सोसायटी जर्नल, 78. 375–377.

प्रजनन :

– राबर्ट पेन (1984) मोनोग्राफ – सेक्सुअल सिलेक्शन, लेक एंड एरिना बिहेवियर, एंड सेक्सुअल साईज डायमौर्फिज्म इन बर्ड्स, दि अमेरिकन और्निथोलाजिस्ट्स यूनियन, 62 पृष्ठ.
– सारा हेलागर (2003) ब्रिटिश और्निथोलोजी क्लब बुलेटिन, 123 (2), 125–129.
– वाघ और वाडतकर (2013) इनविरौनमेंट कन्जर्वेशन जर्नल, 14(3), 41–45.
– फराह इश्तियाक, सुतीर्थ दत्ता, बिबेक युमनाम और यादवेन्द्र वी. झाला (2011) कन्जर्वेशन जेनेटिक्स, जून 2011.
– कैरोलिना ब्रावो, लुईस बौतिस्ता, मारिया गार्सिया–पेरिस, गुलेर्मो ब्लांको और जुआन अलोन्सो (2014) मेल्स औफ ए पौलीगायनस स्पेसीज कन्ज्यूम मोर पोइजनस फुड देन फीमेल्स, पी एल ओ एस – वन, 9 (10), 1–12.
– जस्टस जोशुआ, व्ही. गोकुल, वेस्ले सुंदरराज (2005) बम्बई नेचुरल हिस्टरी सोसायटी जर्नल, 102 (1),114–115.

विविध :

– सुजीत नरवडे, सुतीर्थ दत्ता, डी. गधवी, के.एस. अब्दुल समद, ए.आर. रहमानी और रंजीत मनकदन (2015) ग्रेट इंडियन बस्टर्ड – औन दि ब्रिन्क औफ एक्स्टिंक्शन, ब्यूसेरोस, एन्विस न्यूजलेटर (2–3), 1–44.
– विजयराज (1926), मांडवी, कच्छ में सफेद गोडावण. बम्बई नेचुरल हिस्टरी सोसायटी जर्नल, 21.
– पांडा (2012) डब्ल्यू डब्ल्यू एफ न्यूजलेटर – प्रोटेक्टिंग बस्टर्ड्स इन इंडिया : स्पेशल इस्यू.

- देवेश गधवी, केदार गोरे और हरेन्द्र सिंह बरगली (2012) इंडियन बस्टर्ड इन कच्छ – कौर्बेट फाउंडेशन रिपोर्ट, 47 पृष्ठ.
- दत्ता, सुतीर्थ, असद रहमानी, पी. गौतम, आर. कसाम्बे, एस. नरवडे, जी. नारायण, वाय. झाला (2013) गाइडलाइन्स फौर स्टेट एक्शन प्लान फौर रेसीडेंट बस्टर्ड्स रिकवरी प्रोग्राम, दि मिनिस्ट्री औफ इनविरोनमेंट एंड फारेस्ट्स, भारत सरकार, नई दिल्ली.
- महूद, सायमन पी., जोआ सिल्वा, पौल डोल्मेन और राबर्ट बर्नसाइड (2016) प्रपोज्ड पावर ट्रान्समिशन लाइन्स इन कम्बोदिया कांस्टिट्यूट ए सिग्निफिकेन्ट न्यू थ्रेट तु दि लार्जेस्ट पोपुलेशन दि क्रिटिकली इन्डेन्जर्ड बेंगाल फ्लोरिकन हौबारेप्सिस बेन्गालेन्सिस, ओरिक्स, फाउना और फ्लोरा इंटरनेशनल, 1–9.
- दत्ता, सुतीर्थ (2018) बस्टर्ड, वायर्स, एंड दि फ्लाइट टु एक्स्टिंक्शन, कंजर्वेशन इंडिया में प्रकाशित लेख.
- भारतीय वन्यजीव संस्थान 2018 पावर–लाइन मिटिगेशन मेजर्स.
- ए सेंचुरी आफ नेचुरल हिस्टरी (1983) संपादक – जे सी डेनियल, बम्बई नेचुरल हिस्टरी सोसायटी
- झाला, वाय. वी., एस. दत्ता, टी. करकर्या, ए. अवस्थी और सी. एम. बिपिन (2020) हैबिटाट इम्प्रूवमेंट एंड कंजरवेशन ब्रीडिंग आफ दि ग्रेट इंडियन बस्टर्ड दृ एन इंटीग्रेटेड एप्रोच : 2018 – 2020 वार्षिक प्रगति रिपोर्ट, भारतीय वन्यजीव संस्थान.
- कौलर, एन. जे., पी. एस. पाटिल, जी. एस. भारद्वाज (2015) व्हाट कैन सेव दि ग्रेट इंडियन बस्टर्ड ?, बर्डिंग एशिया, 23, 15–24.
- मोहन, ए., जी. एस. भारद्वाज, एस. सेन, वाय. वी. झाला, के. शिवकुमार – इकोलोजी एंड मेनेजमेंट औफ सेमी–एरिड ग्रासलैंड इन इंडिया विथ स्पेसियल रिफरेंस टु लैसर फ्लोरिकन, एन्विस बुलेटिन इकोलोजी एंड मेनेजमेंट औफ ग्रासलैंड हैबिटाट इन इंडिया, भारतीय वन्यजीव संस्थान, 202–215.

प्राकृतिक आवास के बाहर वंशवृद्धि :

- कौलर, निजेल, एल. गार्डनर, डी. एफ. जेग्गो, बी. मर्कौर्डेस, ए. ओवेन, टी. पेजेल, टी. पेस, ए. वैल, आर. विल्किन्सन और आर. वर्थ (2012)

कंजरवेशन ब्रीडिंग एंड दि मोस्ट थ्रेटन्ड बर्ड्स इन एशिया, बर्डिंग एशिया 18, 50–57.

- बर्नसाइड, राबर्ट, निजेल कौलर, कीथ स्काटलैंड और पाल डौल्मन (2016) इंटरनेशनल जर्नल औफ एवियन साईंस, 158, 353–361.
- डोल्मन, पाल, निजेल कौलर, कीथ स्कौटलेंड, राबर्ट बर्नसाइड (2015) आर्क और पार्क : दि नीड टु प्रिडिक्ट रिलेटिव एफेक्टिवनेस औफ एक्स सीटु एंड इन सीटु कंजरवेशन बिफोर अटेम्प्टिंग कैप्टिव ब्रीडिंग, जर्नल औफ अप्लाइड इकोलोजी, ब्रिटिश इकोलोजी सोसायटी, 1–11.
- स्नाइडर, नोएल, स्काट डेरिक्सन, स्टीवन बेसिन्गर, जेम्स वाइली, थ. ामस स्मिथ, विलियम टून, और ब्रायन मिलर (1996) लिमिटेशन्स औफ कैप्टिव ब्रीडिंग इन एन्डेन्जर्ड स्पिसीज रिकवरी, कन्जर्वेशन बायोलोजी, 10 (2), 338–348.
- लैक्रौईक्स, सीबरी, बोवार्डी और रेनो (2005) इमीरेट्स सेन्टर फौर वाइल्डलाइफ प्रोपेगेशन, बोलेमाने प्रदेश, मोरक्को.
- स्टीवनार्ट और मोहम्मद (2004) डब्ल्यू. डी. ए. अफ्रीका और मिडल ईस्ट तीसरी आमसभा, आबू धाबी, दिसम्बर 2004.
- विलियम्स, सारा एन., एरिक ए. हौफमेन (2009) मिनिमाइजिंग जेने. टिक अडेप्टेशन इन कैप्टिव ब्रीडिंग प्रोग्राम्स : ए रिव्यू, बायोलोजिकल कन्जर्वेशन, 142 (2009), 2388–2400.
- क्रिस्टिन ल्यूस और सी. लेसी, जेनेटिक एंड डेमोग्राफिक मेनेजमेंट औफ कंजरवेशन ब्रीडिंग प्रोग्राम्स ओरिएंटेड टुवर्ड्स रिइंट्रोडक्शन.
- इप्सिटा हार्लेकर (2013) इन कन्वर्सेशन – निजेल कौलर और अभी तमीम वनक, करेंट साइंस, 105, 11, 1465–1467.
- नेशनल ग्रीन ट्रिब्यूनल को दिया गया एम.ओ.ई.एफ., वन्यजीव प्रभाग का 11 जुलाई 2019 का उत्तर – फैक्चुअल रिपोर्ट आन दि ग्रेट इंडियन बस्टर्ड रिकवरी प्रोग्राम.